Hermann Scherer

Find Your Frame

Dein persönliches Make-Over vom Top-Experten für Positionierung!

HERMANN SCHERER

FIND YOUR FRAME

Wie dich der richtige Rahmen zum Glänzen bringt

GABAL

Externe Links wurden bis zum Zeitpunkt der Drucklegung des Buches geprüft. Auf etwaige Änderungen zu einem späteren Zeitpunkt hat der Verlag keinen Einfluss. Eine Haftung des Verlags ist daher ausgeschlossen.

Bibliografische Information der Deutschen Nationalbibliothek

Die Deutsche Nationalbibliothek verzeichnet diese Publikation in der Deutschen Nationalbibliografie; detaillierte bibliografische Daten sind im Internet über http://dnb.d-nb.de abrufbar.

ISBN 978-3-96739-112-1

Lektorat: Claudia Franz, Oberstaufen | info@text-it.org
Umschlaggestaltung: Buddelschiff, Stuttgart | www.buddelschiff.de
Autorenfoto: Nedjo Radic © Scherer GmbH
Satz und Layout: Das Herstellungsbüro, Hamburg | www.buch-herstellungsbuero.de
Druck und Bindung: Salzland Druck, Staßfurt

Wir drucken in Deutschland.

www.gabal-verlag.de
www.gabal-magazin.de
www.facebook.com/Gabalbuecher
www.twitter.com/gabalbuecher
www.instagram.com/gabalbuecher

Inhalt

Im Rahmen des (Un-)Möglichen

Wer Erfolg haben will, muss sich ändern, denken viele. Dass man sich dafür verbiegen muss und dabei seine Authentizität verliert. Ich habe das auch lange Zeit geglaubt – aber es stimmt nicht. Das Gegenteil ist der Fall! Heute weiß ich: **Wer sich zu sehr verbiegt, wird nie den Erfolg haben, den er hätte haben können.**

Mehr als mein halbes Leben habe ich damit verbracht, Vorträge zu halten. Mit weit über 3000 Vorträgen in 30 Ländern vor über 2 Millionen Zuhörern war ich der felsenfesten Überzeugung, dass es *immer* an der Qualität des Redners liegt, ob eine Veranstaltung gelungen oder misslungen ist. Mit dieser sehr strengen Messlatte erlebte ich glücklicherweise hauptsächlich Erfolge. Natürlich gab es auch Misserfolge in meinem Leben – und davon nicht wenige. Lange Zeit habe ich mich deswegen schuldig gefühlt und geglaubt, meine Leistung nicht in der von mir erwarteten Qualität erbracht zu haben. Erst in der Retrospektive wurde mir klar, dass es gar nicht immer an mir gelegen hatte – zumindest nicht direkt. Der Rahmen der Veranstaltung hatte nicht gepasst. Deshalb konnten meine Erfolge auf der Bühne nicht so sein, wie ich es mir erhofft hatte. Rückblickend habe ich erkannt, dass dieser *Frame* – um gleich mal das neudeutsche Wort einzuführen – nicht nur für meine Bühnenarbeit, sondern für meinen Erfolg im Allgemeinen wichtig war und es bis heute ist.

Damit wir uns nicht falsch verstehen: Das heißt nicht, dass ich mich hier als das Opfer der Umstände darstellen oder die Schuld – wie es ja oft und gerne gemacht wird – bei anderen suchen will. Im Gegenteil, die Schuld lag allein bei mir. Denn: **Es steht in unserer persönlichen Verantwortung und Macht, den Rahmen so zu verändern, dass unsere Vorhaben besser gelingen.**

Alles eine Frage der Darstellung, Inszenierung, Wahrnehmung

Was alles möglich ist, wenn wir den Rahmen verändern, zeigen die folgenden beiden Beispiele:

B

Immer mit Stil

2004 wurde Jean-Claude Biver CEO und Mitglied des Verwaltungsrats des damals kleinen Unternehmens Hublot. Ab da verzeichnete die Firma ein rasantes Wachstum: Der Umsatz stieg innerhalb von nur vier Jahren von 25 Millionen Schweizer Franken auf über 200 Millionen.[1] Wie war das möglich? Als Erstes gab Biver der Uhr, die allein durch die Bezeichnung *hublot* (zu Deutsch: »Bullauge«), einen verbalen Rahmen hatte, einen neuen Frame: Innerhalb nur eines Jahres wurde eine Uhr mit einem völlig neuartigen Gehäuse aus Gold und Kautschuk auf den Markt gebracht: die Big Bang.

Damals durfte ich auf einer Love-Marketing-Veranstaltung in Zürich gemeinsam mit Jean-Claude Biver auf der Bühne stehen. Ich war neugierig, wie er die Big Bang vorstellen und beschreiben würde – eine Armbanduhr, die eine Million Dollar wert sein sollte. Er sagte sinngemäß, dass es nur wenig Geld kosten würde, wenn man eine gute, präzise Uhr an seinem Handgelenk tragen wolle. Und selbst das stellte er infrage. Denn er meinte, dass man heutzutage eigentlich gar keine Uhr mehr brauchen würde. Schließlich könnte man überall und jederzeit einen Blick auf eine Uhr werfen – nicht zuletzt auf dem Smartphone. Doch wenn man schon eine Zeitanzeige an seinem Handgelenk tragen wolle, bedürfe es eben auch des richtigen Rahmens. Und diesen Rahmen schaffe man mit der Big Bang von Hublot. Treffend finde ich daher auch die Beschreibung für »Hublots Vorzeigemodell« auf der Webseite: »Mehr als eine Uhr: ein Geisteszustand.«[2]

B

Zelebriertes Wohlgefühl

Starbucks dümpelte nach seiner Gründung 1971 am Pike Place Market in Seattle relativ unbeachtet vor sich hin. Doch dann begann das Unternehmen, Kaffee und den Rahmen, in dem er konsumiert wurde, zu emotionalisieren. Starbucks wollte neben den eigenen vier Wänden und dem Arbeitsplatz der »Third Place« werden: der dritte Ort, an dem man sich wie zu Hause fühlte.[3] So wurde ein großer Rahmen, man könnte fast sagen ein Wohnzimmer, um den Kaffeegenuss gespannt.

Die Entwicklung und Inszenierung des Starbuck-Frames war ein voller Erfolg. Mittlerweile gibt es über 33 800 Standorte in mehr als 70 Ländern weltweit, die 2021 einen Nettoumsatz von 29,1 Milliarden Dollar erwirtschaftet haben.[4] Der Kaffee allein hätte wohl weder diese Begehrlichkeit geweckt noch diesen Umsatz gebracht. Kaffee gibt es anderswo wesentlich günstiger. Aber das ganze Drumherum – von der Inneneinrichtung über die musikalische Untermalung bis hin zu den ausgefallenen Bezeichnungen der Kaffeespezialitäten und den Baristas, die die Bestellung immer freundlich entgegennehmen – schafft den Rahmen, um einen Becher Kaffee für rund 4 Euro (und mehr) zu verkaufen.

> Und die Moral von diesen Erfolgsgeschichten? **Verändert man den Rahmen, verändert sich die Wahrnehmung.** Der Frame hat viel mehr Einfluss, als wir denken: Manchmal ist er gleichbedeutend und manchmal sogar wesentlich wichtiger als der Inhalt!

Deine persönliche Heldenschmiede

Es geht nicht darum, dass wir uns alle immer wieder neu erfinden müssen. Ich bin der Ansicht, dass es viel schwieriger ist, eine gänzlich neue Geschichte zu schreiben, als aus der altbekannten etwas anderes zu machen, das mehr Erfolg verspricht. Konkret heißt das: Es geht darum, unseren Rahmen abzustecken und dann mit voller Energie und

Enthusiasmus auf unsere Ziele hinzuarbeiten. Dabei kann es durchaus hilfreich sein, auch mal in unserem Inneren nach unseren wahren Beweggründen, unseren Werten und unseren Wunschvorstellungen zu suchen und sozusagen unseren inneren Frame abzuklopfen (mehr dazu in Kapitel 6).

Ich habe mich schon vor längerer Zeit entschlossen, alle meine Kunden zu duzen, genauer: seit ich mehr mit Einzel- und Privatpersonen arbeite statt mit Unternehmen. Da du mit dem Kauf dieses Buchs zum Kreis meiner Kunden zählst und wir über dieses Medium miteinander kommunizieren und an deinem Frame arbeiten, erlaube ich mir höflich, dich ebenfalls zu duzen.

Dein persönlicher Frame ist deine Heldenschmiede – der Film, in dem du die Hauptrolle spielst. Ich zeige dir in *Find Your Frame*, wie du deine Qualitäten und deine Botschaften in deinem Rahmen sichtbar machen kannst. Denn: **Unternehmen und Menschen mit persönlicher Sichtbarkeit skalieren schneller als andere.** Um dir zu zeigen, wie das funktionieren kann, werden dir bei der Lektüre viele Beispiele von Menschen und Marken begegnen, mit denen mein Team und ich gearbeitet haben. Sie alle haben ihren Frame vergrößert, verkleinert, gewechselt, transformiert oder anderweitig verändert. Genau das ist es, was mein Team und ich im GOLD-Programm, einer viertägigen On- und Offline-Experience mit mir und ausgewählten Gastreferenten, regelmäßig tun. Mittlerweile bekommen wir sogar Anfragen wie: »Können Sie uns zum Elon Musk unserer Branche, unserer Region oder unserer Nische machen?« Ja, können wir! Keiner hat mehr Experten und Protagonisten in Deutschland sichtbar gemacht. Wir haben über 40 Menschen begleitet, die es auf die Liste der 100 besten Erfolgstrainer Deutschlands und Österreichs 2017 geschafft haben. Zudem haben wir mit über 125 Leuten die Top-500-Liste erobert. Kein Programm hat mehr Marken hervorgebracht und das *Handelsblatt* schrieb: »Scherers GOLD-Programm steht für einen Trend in Deutschland.«[5]

Unsere Zielgruppe sind Experten, Unternehmer, Selbstständige, Wissenschaftler, Heilberufler, Freiberufler, Coaches, Berater, Trainer, Redner, Leistungsträger, Menschen mit einer Botschaft und Protagonisten, die es aufgrund ihrer Qualität und ihrer Leistung verdient haben, am

Markt erfolgreich zu sein. Wir helfen ihnen, den Logenplatz in den Köpfen ihrer Kunden zu erobern. Im Fokus steht dabei, den jeweils »richtigen« Rahmen zu finden und damit eine nachhaltige Weiterentwicklung anzustoßen, eine sinnvolle Positionierung zu erarbeiten und die persönliche Expertise passend zu inszenieren. Die Folge: eine sichtbare Marktpräsenz, mehr Aufträge und nennenswerte Umsätze. Mit anderen Worten: Erfolg auf ganzer Linie. All das gehört zur Kunst des »Marken-Framing«. Der dadurch angestoßene Rahmenwechsel ist manchmal gar kein radikaler Wandel, sondern lediglich eine Anpassung in einem oder mehreren Bereichen. Dieser Wechsel kann sich auf unterschiedliche Felder beziehen – beispielsweise die Positionierung, die Inszenierung, die bessere Nutzung oder die sinnvollere Bespielung von Kommunikations- und Social-Media-Kanälen.

Natürlich hat auch *Find Your Frame* einen Rahmen, der dieses Buch von anderen abgrenzt. Ein erfolgreicher Verleger sagte einmal zu mir: »90 Prozent aller Buchideen werden abgelehnt – aber nicht, weil sie alle schlecht wären. Im Gegenteil! Es sind oft wunderbare Bücher dabei, die einfach nur dem falschen Verlag geschickt wurden.« Dasselbe gilt übrigens für Geschäftsideen, wie du bei der Lektüre feststellen wirst. In diesem Buch gibt es also keine Kochrezepte. Sonst wäre es in einem der Verlage erschienen, die sich darauf spezialisiert haben. Du findest hier stattdessen die Erfolgsgeschichten verschiedener Menschen in unterschiedlichen Situationen, die mittlerweile ihren passenden Frame gefunden haben – und sich seither flexibel weiterentwickeln. Ich möchte dir aber nicht nur von ihnen erzählen, sondern dich auch tatkräftig bei der Suche nach deinem passenden Rahmen unterstützen. Deshalb warten in *Find Your Frame* viele anschauliche Beispiele auf dich. So kannst du viel besser herausfinden, welcher Frame zu dir, deinem Geschäftsmodell und deinem Leben passt. Zudem zeige ich dir, welche Rahmenveränderungen dir dabei helfen, deinen Inhalten, Botschaften und Angeboten die Bedeutung und die Sichtbarkeit zu verleihen, die sie verdient haben. Als zusätzliche Hilfestellung gibt es weiterführende Gedanken oder konkrete Schritte, die dich bei deiner Frame-Entwicklung voranbringen. Und ich decke so einige Geheimnisse, Stolperfallen und Strategien auf, die ich über die Jahre gelüftet, umgangen oder angewandt habe. So kannst du mein Wissen und meine Erfahrung nutzbringend für dich und deine Vorhaben einsetzen.

Eins will ich an dieser Stelle offen zugeben: Ich habe Probleme damit, »die einzig wahre« Strategie vorzustellen oder gar »Patentrezepte« anzupreisen, denn ich glaube nicht an Allheilmittel oder eine bestimmte Wunderwaffe. Meine Erfahrung zeigt: Es ist immer eine Vielzahl von Faktoren, die es sinnvoll miteinander verbunden anzuwenden gilt. Dennoch scheinen mir die Strategien, die ich dir in *Find Your Frame* vorstelle, die entscheidenden in unserem Handlungs-Potpourri über die vielen Jahre gewesen zu sein. Mehrfach praxiserprobt sind sie jedenfalls alle!

Dein Erfolgserlebnis – dein Grund zum Feiern

Man möge mir meine schreckliche Unbescheidenheit verzeihen: Aber bisher habe ich noch für jeden, den ich beraten habe, einen Business-Frame gefunden, um seine Ideen zu kapitalisieren, ohne dass er sich hätte verbiegen müssen. Mit »kapitalisieren« meine ich im schlechtesten Fall, dass diese Person davon leben konnte. In der Regel bedeutet es aber, dass sie mehr als gut davon leben konnte. Oft hat es dafür nur wenige Veränderungen gebraucht: In der Regel genügt es, den Frame zu verschieben, zurechtzurücken oder neu zu inszenieren, um damit vom Markt ganz anders gesehen und von Interessenten wesentlich besser wahrgenommen zu werden. Sicherlich, in einigen Fällen war der Frame-Findungsprozess tiefgreifender. Aber das hatte damit zu tun, dass die betreffenden Personen nicht das taten, was sie im Grunde ihres Herzens am liebsten gemacht hätten. Da waren dann etwas mehr Grundlagenarbeit und Selbstreflexion vonnöten, um zum passenden Frame zu gelangen.

Auch wenn ich für dieses Buch den Frame-Findungsprozess in einzelne Kapitel aufgedröselt habe, muss nicht zwingend nur das eine oder nur das andere stattfinden. Es ist ein Prozess – und wir müssen flexibel bleiben in der heutigen Zeit. Es gibt also jede Menge Überschneidungen. Das wirst du in der Praxis schnell erkennen.

Ich bin so von unserer Methode überzeugt, dass ich lange Zeit eine Champagnerwette am Laufen hatte: Ich versprach jedem Kunden eine Flasche Jahrgangschampagner, falls ich keinen passenden Frame für ihn finden würde. Im Gegenzug würde ich eine Flasche Champagner bekommen, wenn mein Kunde mir bestätigte, dass der gefundene Rahmen passend, authentisch, erfolgversprechend und umsetzbar war. Was soll ich sagen ... Ich habe mir für die vielen gewonnenen Champagnerflaschen einen großen Kühlschrank mit Glastür gekauft. So konnte ich den Champagner bewundern, der symbolisch für den Erfolg unserer Ideen stand. Doch wie sagt man so schön: Des Künstlers Lohn ist nicht das Geld allein, sondern der Applaus. In diesem Sinne: Mein Lohn ist weder der Champagner noch das Honorar, sondern die Erfolgsmeldungen über die geglückte Positionierung meiner Kunden.

Es stimmt in meinen Augen nicht, dass Meister an der Anzahl ihrer Schüler gemessen werden sollten. **Entscheidend ist, wie viele Meister ein Meister hervorgebracht hat.** So freue ich mich über jeden Meister, den ich auf seinem Weg begleiten durfte. Inzwischen sind es ziemlich viele. Einige von ihnen haben es als Musterbeispiele der Frame-Veränderung namentlich in dieses Buch geschafft, andere aus Diskretionsgründen »nur« anonymisiert. Sie alle stehen stellvertretend für viele andere Menschen, die es weit gebracht haben. Menschen, die ihren Frame gefunden und mit Leben gefüllt haben, die Erfolge feiern und ihren Traum leben und vielleicht sogar ab und an in Champagner baden. Du kannst das auch schaffen! Ich biete dir dafür gerne meinen Erfahrungsschatz als Hilfestellung, Motivationsschub und Inspiration an. Keine Sorge, du musst mir keinen Champagner schicken, wenn du es geschafft hast. Du solltest aber auf jeden Fall Champagner kaufen und ihn dir und deinen Lieben gönnen, um gemeinsam auf deinen Erfolg anzustoßen!

> Um erfolgreich zu sein, mach bitte auf jeden Fall das, was du gut kannst und gerne tust! Nur der Rahmen, in dem du es tust und wie du darüber kommunizierst, bedarf möglicherweise einer Anpassung. Das ist der Schlüssel, damit dein Business – oder allgemeiner: dein Leben mit all deinen bisher unerfüllten Träumen – endlich so werden kann, wie du es dir wünschst.

Wer sich zu wenig zutraut, bleibt unter den Erwartungen!

1. Frame-Vergrößerung: Den Rahmen weiter fassen

Das Kleindenker-Problem: Wer sich zu wenig zutraut, bleibt unter den Erwartungen

B Im Oktober 2020 wollte Jürgen Jörges, Tischler-, Schreiner-, Maler- und Lackierermeister, von mir wissen, ob er in seiner Tätigkeit als Sachverständiger auch andere Dinge tun könnte, als einfache Schadensbegutachtungen durchzuführen. Mit anderen Worten: Er wollte seinen Rahmen größer spannen – ein Vorhaben, das ich mehr als begrüßenswert fand. Im Gespräch stellte sich heraus, dass er eine Leidenschaft für Schimmel hat. Nein, nicht die weißen Pferde, auf denen die Prinzen um die Ecke galoppiert kommen. Jürgens Leidenschaft galt dem Schimmel, der gerne dann sichtbar wird, wenn ausgediente große Schränke abgebaut, einzelne Zimmer renoviert oder komplette Wohnungen neu gestaltet werden. Genau, die Rede ist vom Hausschimmel.

Jürgens Passion ist es, die Ursachen für den Hausschimmel auszumerzen. Doch das ist noch nicht alles: Mit seiner witzigen und authentischen Art kann Jürgen über scheinbar uninteressante, ja geradezu langweilige Dinge wie Hausschimmelbefall so sprechen, dass es richtig Spaß macht, ihm zuzuhören. So wurde er innerhalb weniger Wochen zum Schimmel-Experten, genauer gesagt zum »Schimmel-Schimanski«, wie ihn die *Bild*-Zeitung nannte.

Im Januar 2021, nur vier Monate nach unserem Gespräch, war sein Ziel erreicht: Sein Buch mit dem wunderbaren Titel *Schimmel, Arsch und Zwirn* schlug ein wie eine Bombe. So unglaublich es klingen mag: Das Thema Schimmel ist richtig »sexy«. Immerhin sollen über 50 Prozent der Immobilien davon betroffen sein – und oft ahnen die Eigentümer nichts davon. Deshalb berichteten über 70 Tageszeitungen über Jürgen. Er kam sogar ins Fernsehen. Das Thema Schimmel, das uns ja alle irgendwie betrifft, war ideal, um im Frühstücksfernsehen darüber aufzuklären. Aufgrund seiner witzigen Art konnte er in unterschiedlichen Sendungen und bei verschiedenen Sendern punkten. Unter anderem landete er auch in der Talkshow *Riverboat.* Und bitte nicht vergessen: Jürgen Jörges war und ist Handwerker und hat diese Frame-Vergrößerung in gerade mal vier Monaten hingelegt!

> Ich bin mir sicher, dass die Reise von Jürgen alias »Schimmel-Schimanski« noch ganz am Anfang steht. Wie könnte er wohl persönlich Schimmel deutschlandweit vor Ort bekämpfen? Das geht nicht! Aber das Thema schreit geradezu nach Onlinekursen, Werkzeugen, Reinigungsmitteln. Es bietet ein Meer von Möglichkeiten – und das nicht nur in Deutschland. Jürgens Frame könnte sich also noch weiter vergrößern. Ich bin schon sehr gespannt!

Das Limit im Kopf

Meistens denken wir zu klein, zu eng, zu beschränkt. Wir konzentrieren uns auf eine Region, einen bestimmten Absatzkanal, eine Darreichungsform. Das muss nicht sein. **Wir könnten so viel mehr erreichen, wenn wir uns nicht von vornherein einschränken würden.** Doch dazu brauchen wir ein völlig neues Mindset:

- Ein Heilpraktiker könnte nicht nur regional, sondern auch national oder sogar international Patienten betreuen. Natürlich geht das dann nicht mehr mit dem »Tag der offenen Tür« und persönlichen Terminen, wohl aber durch Publikationen. Bücher werden deutschlandweit verkauft und oft auch in andere Sprachen übersetzt, was die Reichweite entsprechend erhöht. Heutzutage kommen digitale Formate, etwa ein YouTube- oder ein Instagram-Kanal oder TikTok-

Videos, hinzu. Das alles könnte der Heilpraktiker nutzen, um seine Bekanntheit zu steigern und Menschen überall auf dem Globus zu helfen.

- Ein Biogasanlagenbauer kann klein denken und ausschließlich in seiner Region arbeiten. Aber was wäre, wenn er sich nicht nur als Biogasanlagenbauer sieht, sondern – ja, das Wort mag in diesem Zusammenhang zunächst merkwürdig klingen – als Influencer? Dann eröffnen sich für seine Reichweite und seinen Bekanntheitsgrad, also seine Sichtbarkeit, ganz andere Möglichkeiten. Sicherlich wird er kein Influencer, der ein Millionenpublikum davon überzeugt, dass es mehr Sport machen oder sich gesünder ernähren soll. Aber er kann ein Influencer für moderne Landwirte und angrenzende Branchen sein. Ihnen kann er die Möglichkeiten und den Nutzen von Biogasanlagen vorstellen und von seinen Erfahrungen berichten. Mit diesem wertvollen Input kann er auf Verbandstagungen oder bei landwirtschaftlichen Vereinigungen auftreten und natürlich auch auf diversen digitalen Plattformen vertreten sein.

Ein großes Hindernis auf dem Weg zum Erfolg ist also das Kleindenker-Problem. **Wir sind eingesperrt in unserem selbst errichteten Gedankengefängnis, das uns den Blick auf das große Ganze versperrt.** Allzu oft leiden wir an einem starren Tunnelblick. Deshalb können wir uns gar nicht vorstellen, größer zu denken. Wir schaffen es nicht, den Frame weiter zu fassen und auch mal nach rechts, links oder weit über den Rand unseres bisherigen Rahmens hinauszuschauen. Dabei stoppen uns nur selten gesetzliche und politische Beschränkungen oder Einschränkungen durch den Markt, den wir bespielen wollen. Was uns ausbremst, sind die Grenzen, die wir uns – meist unbewusst – selbst gesetzt haben. Das heißt: **Wir verlieren nicht gegen den Markt, nicht gegen die Konkurrenz, nicht gegen äußere Umstände wie Zufall oder Glück. Wir verlieren gegen uns selbst!** Wir haben uns die Erlaubnis, erfolgreich zu sein, noch nicht gegeben, weil wir uns nichts oder nicht genug zutrauen. Weil wir Zweifel hegen. Weil wir gar nicht daran denken, dass wir daran denken könnten, dass wir so groß denken können.

Warum ist jemand erfolgreich? Ist es Zufall? Sofern man davon ausgehen kann, dass es überhaupt Zufälle gibt. Ist es Glück? Dass Erfolg reine Glückssache ist, wird vermutlich jeder Versager bestätigen. Aber würde ein Gewinner seinen Erfolg auf das Glück zurückführen? Oder ist der Markt das Entscheidende? Aber warum enden dann vergleichbare Ausgangssituation oftmals so unterschiedlich? Ist es eine bestimmte Strategie, die erfolgversprechend ist oder besser noch: ein Erfolgsgarant? Lass dir diese Fragen bei Gelegenheit mal in Ruhe durch den Kopf gehen.

Mit Aussicht auf Erfolg

Was geschehen kann, wenn sich Menschen die Erlaubnis geben, erfolgreich zu sein, sich selbst nicht begrenzen und sich auch nicht von außen einschränken lassen, zeigt nicht nur die steile Karriere von Schimmel-Schimanski – es gibt viele solcher Storys! Es macht mich unheimlich stolz, wenn meine Coachees außergewöhnliche Erfolge feiern dürfen:

B Vom Seminarraum auf die große Bühne – analog und digital

Dirk Kreuter ist mittlerweile ein Top-Speaker, eine digitale Ikone und nicht zuletzt ein Influencer. Seine Vision lautete: »Bis 2020 will ich mehr als 1 Million Menschen in Deutschland zu besseren Verkäufern geschult haben!« Damit strebte er ein geradezu unvorstellbares Ziel an. Wir saßen aber schon lange vor der Verwirklichung dieser Vision zusammen. Er war bereits ein gut gebuchter Trainer. Doch er wollte im Rednermarkt noch sicherer Fuß fassen. Dirks Zielsetzung war es, seinen Tagessatz von 4000 auf ambitionierte 10 000 Euro zu erhöhen. Und das zu einem Zeitpunkt, als Verkauf in Deutschland nicht salonfähig war (und es heute im Grunde immer noch nicht ist). Zu dieser Zeit war jedenfalls gar nicht daran zu denken, große Hallen mit diesem Thema zu bespielen, geschweige denn zu füllen.

Heute ist die Vision von Dirk Kreuter längst Geschichte – und zwar eine Erfolgsgeschichte! Dirk füllt mittlerweile Hallen mit über 10 000 Teilnehmern, sein Tagessatz beläuft sich auf 100 000 Euro und seine Company legt als eines der wachstumsstärksten Unternehmen Europas 42 Millionen Umsatz in der Bilanz vor. Nicht nur das: Er ist aus dem Internet nicht mehr wegzudenken. Dirk hat sich als Marke dort sichtbar gemacht und eine digitale Dominanz aufgebaut. Nicht ohne Grund heißt sein neustes Buch *Unfaire digitale Dominanz*. Und das alles hat Dirk Kreuter in nur einem Jahrzehnt hinbekommen.

B

Dirks Pendant in der Persönlichkeitsentwicklung ist Christian Bischoff. Er kam zu mir, als er bereits erfolgreich in deutschen Schulen tätig war. Dort brachte er den Schülern wichtige Erfolgsfaktoren und Selbstbewusstsein bei. Gleichzeitig war klar, dass es für ihn mehr geben konnte und mehr geben musste. Zu seinen Stärken zählen unter anderem unglaublicher Fleiß und die Fähigkeit des limitlosen Denkens. Da er die Klaviatur der sozialen Medien gut beherrschte, war er sehr bald auf allen relevanten Kanälen präsent. Sein Podcast »Die Kunst, dein Ding zu machen« gehört mit über 16 Millionen Downloads (Stand: Februar 2020)[6] zu den ganz großen in Deutschland.

Doch nicht nur digital war Christian außerordentlich erfolgreich. Da er in Amerika studiert hatte und Tony Robbins kannte, nahm er sich dessen Veranstaltungskonzepte als Vorbild. Er versetzte die Ränder seines Rahmens, vergrößerte seinen Frame und füllte auch riesige Hallen. Das ging zwar nicht von heute auf morgen, aber stetig voran. Inzwischen macht Christian Bischoff Veranstaltungen mit 4000 Teilnehmern und seine Vorträge ziehen noch weitaus mehr Interessierte an.

B

Ein Philosoph als Popstar

Sebastian Balzter schrieb in der *Frankfurter Allgemeinen Zeitung* in einem Artikel mit dem Titel *Die Precht-AG:* »Richard David Precht ist der Popstar unter den deutschen Philosophen. Mit einfachen Weisheiten ist er zum Millionär geworden.«[7] Weiter heißt es darin: »Kein Philosoph, der in seinem Fach etwas gelten möchte, würde sich auch nur auf einen Bruchteil der Themen einlassen: Viel zu beliebig, viel zu oberflächlich wäre das, gemessen an den Kriterien der Experten. Mit der Folge, dass keiner von ihnen in Deutschland auch nur annähernd so populär ist wie Richard David Precht, der als Wissenschaftler keinen Blumentopf zu gewinnen hat.«

Mit meiner Firma, der Unternehmen Erfolg AG, veranstaltete ich etliche Vortragsevents in ganz Deutschland – unter anderem mit Richard David Precht. Zuvor hatte er noch als mittelloser Philosoph von Arbeitslosengeld gelebt. Nach seiner Promotion Mitte der 1990er-Jahre verlor er seinen Job an der Uni. Trotz Spitzennoten und zahlreicher Bewerbungen konnte er keine neue Anstellung finden. Der *Süddeutschen Zeitung* erzählte Richard David Precht: »Ich war ein Jahr arbeitslos, lebte von Arbeitslosengeld, so 980 D-Mark im Monat.«[8] Das änderte sich grundlegend, nachdem sein Buch *Wer bin ich – und wenn ja, wie viele?* erschienen war. Zuerst fand das Buch kaum Beachtung. Doch dann lobte die Literaturkritikerin Elke Heidenreich sein Werk im Fernsehen in den höchsten Tönen. Danach gingen die Verkaufszahlen durch die Decke. Precht wurde quasi »über Nacht zu dem Mann, von dem die Deutschen die richtigen Antworten auf ihre Fragen erwarten«[9]. Seine Bücher sind Bestseller und er ist aus der deutschen Medienlandschaft nicht mehr wegzudenken.

Vom Arbeitslosen zum Multimillionen-Unternehmer – das ist eine unglaubliche Karriere und ein weiteres Beispiel für eine Frame-Vergrößerung. Nun könnte man sagen, dass hier auch der Zufall mit im Spiel war. Das kann man nie komplett leugnen. Ein bisschen Glück gehört wohl immer dazu. Doch wie schon Thomas Jefferson einst so treffend sagte: »Ich glaube fest an Glück und finde, je härter ich arbeite, desto mehr habe ich davon.« Ich finde, dass die Erfolgsgeschichte von Richard David Precht das einmal mehr deutlich macht. Das Schreiben eines Buchs setzt nicht nur eine gewisse Ausdauer voraus, sondern vor allen Dingen die Fähigkeit, über eine längere Strecke an sich und das Projekt zu glauben, alle Zweifel auszublenden und hartnäckig dranzubleiben. Wichtig ist natürlich auch, nicht den Mut zu verlieren, wenn das Buch – wie in diesem Fall – nicht sofort ein voller Erfolg wird. Es sind unzählige Gespräche, Angebote, TV-Auftritte und weitere Anstrengungen nötig, bis der Erfolg sichtbar und spürbar wird. Aber die Mühe und der Arbeitseinsatz lohnen sich. Zugegeben, nicht jedes Buch wird zum absoluten Bestseller. Doch der Erfolg kann auch auf anderen Wegen kommen – nicht zuletzt durch die erhöhte Sichtbarkeit.

Meine Hacks: Strategien, Irrtümer und Chancen der Frame-Vergrößerung

Hack 1 Erfolg ist bestimmt nicht vorbestimmt

Ob vom Arbeitslosengeldempfänger zum Multimillionär oder vom Trainer und Berater zum Vortragsredner auf der großen Bühne: Solche Erfolgsgeschichten schaffen eine hohe Begehrlichkeit, ja geradezu eine Sehnsucht danach, es diesen Menschen gleich zu tun. Ihre Storys öffnen den Rahmen. Sie erweitern den Horizont und zeigen: Solche Karrieren, solche Erfolge sind tatsächlich möglich. **Der erste Schritt, größer zu denken, ist das Wissen um die Möglichkeiten.**

Für manche Menschen sind solche Storys tatsächlich der Kickstarter, die Motivation, ja manchmal auch der notwendige Tritt in den Allerwertesten, um selbst ins Handeln zu kommen und ihren passenden Frame zu finden. Anderen sind diese Geschichten zu groß, zu schillernd. Sie finden diese Storys nicht motivierend, sondern abschreckend. Viele wären schon dankbar, wenn sie ihr tägliches Brot, ihr monatliches Einkommen und ihr wirtschaftliches Überleben sichern könnten. Da erscheinen solche Beispiele so unerreichbar wie der Mount Everest. Wie soll man die höchsten Berge bezwingen, wenn einem schon die ersten Schritte schwerfallen? **Der Glaube an die Unmöglichkeit schützt Berge davor, versetzt zu werden.**

Ich habe viele Menschen, die heute einen so gnadenvollen und erfolgreichen Rahmen für sich gefunden haben, beraten. Einige von denen, die wir heute mit großer Anerkennung bewundern und vielleicht sogar mit leicht neidvollen Gedanken beobachten, saßen mit Tränen in den Augen vor mir. Sie glaubten nicht an den Erfolg. Der Berg, der vor ihnen lag, schien ihnen unüberwindbar. Das Problem dabei? **Wir gehen unbewusst davon aus, dass das, was wir sehen, schon immer so war wie heute.** Das bedeutet: Wir sehen einen Riesenerfolg in unserem Umfeld oder bei einem Prominenten – und dann mutmaßen wir, dass das absehbar war. Wir denken, der Erfolg wäre dieser Person gewissermaßen in die Wiege gelegt worden. Oder wir glauben, dass die Ausgangssituation eine völlig andere, wesentlich vorteilhaftere als unsere eigene gewesen sei. Wir mystifizieren »Erfolg« als etwas Vorbestimmtes, schon immer Dagewesenes und nicht für alle Erreichbares. Doch so verschließen wir die Augen für unsere Entwicklung auf verschiedenen Ebenen, die es bräuchte, um genau diesen Erfolg für uns selbst zu ermöglichen. Das schränkt unsere Vorstellungskraft stark ein und raubt uns die Fähigkeit, uns selbst in einem größeren Rahmen zu sehen. Offenbar vergessen wir gerne, dass wir alle einmal nackt und unbeholfen auf diese Welt gekommen sind und jeder sich erst im Laufe der Zeit zu der Person entwickelt hat, die er oder sie heute ist.

Spüre tief in dich hinein: Wie geht es dir, nachdem du diese Erfolgsstorys gelesen hast? Motivieren sie dich, direkt loszulegen? Oder fühlst du dich eher eingeschüchtert und traust dir »so etwas« nicht zu? Stell dir diese Frage gerne auch bei den anderen Geschichten in diesem Buch. Beantworte auch die folgenden Fragen:

- Was würdest du tun, wenn ein Misserfolg ausgeschlossen wäre?
- Wie würdest du dich heute schon aufstellen, wenn du felsenfest an dein großes Vorhaben glauben würdest?
- Wie müsstest du vorgehen, damit dieses Vorhaben tatsächlich so groß werden kann, wie du es dir wünschst – oder womöglich sogar noch größer?
- Was müsste sich in deinem Habitus und in deinem Mindset ändern, damit du mehr an dich und dein Vorhaben glauben könntest?

Wenn du dich motiviert fühlst, leg am besten heute noch mit deinem Vorhaben (in diesem Fall deiner Frame-Vergrößerung) los! Wenn du noch an dir zweifelst, wirf am besten einen aufmerksamen Blick in Kapitel 6, in dem es um deinen inneren Frame – alias dein Mindset – geht.

Hack 2 Der Switch vom Schaf zum Hirten

Ich kenne so viele Menschen, die ihr Leben lang glauben, noch nicht gut genug, noch nicht »so weit« zu sein. Sie machen eine Aus- oder Weiterbildung nach der anderen, besuchen unzählige Seminare oder haben zumindest mental stets den Hut des Schülers auf. Klar, wir sind in gewissem Sinne immer Schüler – unser Leben lang. Wir bleiben Laien auf der Bühne des Lebens und dürfen fortwährend dazulernen. Diese Einstellung ist sicher nicht falsch. Doch sie ist der Todfeind jeder Frame-Vergrößerung. Warum? **Solange wir glauben, noch nicht gut genug, ausgebildet genug, perfekt genug zu sein, können wir uns nicht aus dem Gedankengefängnis eines kleinen Rahmens befreien.** Ja, wir können noch nicht einmal die Möglichkeit eines größeren Rahmens in Betracht ziehen und durchdenken.

Viele Menschen lehnen solche Gedankenspiele ab. Damit verkommt jede Weiterbildung zur Flucht vor der eigenen Verantwortung. Daher gilt es, irgendwann den Schalter vom reinen Schüler zum Lehrer umzulegen. Aus diesem Grund sind unsere Veranstaltungen mehr mit der Umsetzung beschäftigt als mit der bloßen Vermittlung von Wissen. Denn Letzteres würde unserer Definition von Erfolg nicht gerecht werden. Was nützt es bitte schön, wenn du nur liest, nur lernst – ohne jemals etwas umzusetzen?

Ohne Umsetzung ist jedes Wissen wertlos!

Der Switch vom Schaf zum Hirten bedeutet, dass wir die Dinge selbst in die Hand nehmen. Nur so werden wir von unseren (potenziellen) Kunden auch als Hirten wahrgenommen. Lass mich den Unterschied zwischen Schaf und Hirte an einem banalen, alltäglichen Beispiel verdeutlichen: Wenn du in ein Taxi steigst und dem Fahrer die Zieladresse mitteilst, willst du dich – und das ist dein gutes Recht – gerne wie ein Schäfchen zurücklehnen. Du möchtest den Taxifahrer als Hirte seinen Job machen lassen. Das Ziel ist bekannt. Jetzt ist es seine Aufgabe, dich dorthin zu bringen. Als gutes Schaf musst du nichts weiter tun, als später das Portemonnaie oder die Kreditkarte zu zücken.

Versteh mich nicht falsch: Ich liebe es, in der Rolle des Schafs, des Dienstleistungsempfängers zu sein. Es ist herrlich, wenn ich nichts zu tun habe und die Dinge nach meinen Wünschen erledigt werden. In unserem Beispiel ist es die Pflicht des Taxifahrers, die Rolle des Hirten anzunehmen und mich an mein Wunschziel zu bringen. Es gibt nichts Schlimmeres als Taxifahrer, die dem Fahrgast noch etliche Fragen stellen, ob man lieber über diese oder jene Strecke fahren sollte, ob die Temperatur zu heiß, die Musik zu laut, der Fahrtwind zu heftig sei. Noch schlimmer wird es, wenn der Fahrer – trotz Navigationssystem – nicht in der Lage ist, dich an dein Ziel zu bringen und deine Hilfe benötigt. Spätestens dann weißt du, dass der wirkliche Hirte auf der Rückbank und nicht am Steuer sitzt! Was ich dir mit diesem Bild sagen will?

> Es ist wichtig, dass du das Steuer in die Hand nimmst und dafür sorgst, dass die Menschen sich auf dich verlassen können. Umso mehr das der Fall ist, umso klarer, verantwortungsbewusster du dein Wort hältst – auch dir selbst gegenüber –, desto eher und schneller werden Menschen dir folgen. Dann bist du, zumindest in deiner Profession, kein Schüler mehr.

Hack 3 Framing des Wertvollen

Was auch immer du tust: Es gilt, genau das als besonders wertvoll darzustellen. Ich nenne es das »Framing des Wertvollen«. Sicher brauche ich dir nicht zu erzählen, dass edle Luxus-Dessous fein verpackt mit einem Schleifchen, wertvoller rüberkommen als ein paar Feinripp-Schlüpfer vom Wühltisch. Und da reden wir gar nicht über die eigentliche Qualität. Denn: **Die Qualität macht nur einen Teil aus. Den Rest kannst du über das Framing des Wertvollen beeinflussen.** Das funktioniert nicht nur mit Produkten, sondern auch mit Dienstleistungen oder mit Software – einfach mit allem. Auch da stellt sich die Frage, wie du dein Angebot inszenierst.

Mein Team und ich verkaufen Seminare, also gänzlich »unhaptische« Dienstleistungen. Doch es ist uns gelungen, unsere Nutzenversprechen in haptische wertige Broschüren, Bilder und Kataloge mit Emotionen zu packen. Angereichert wird das Ganze mit Büchern, Gimmicks und vielen schönen Elementen. Alles ist mit goldenem Seidenpapier umschlungen und mit einer Schleife umwickelt, die unser Logo trägt. In der Schleife ist zudem ein Lesezeichen mit unserem Zitat eingeflochten. Das alles befindet sich in einer Box, die in unserem Branding verpackt wird. Selbst die Briefmarke trägt mein Konterfei – oder bei ganz speziellen Kunden deren Bild. Da soll noch einer behaupten, dass sich Dienstleistungen nicht greifbar machen oder emotionalisieren lassen! Und alle, die in unsere Büroräume kommen, erleben eine besondere Überraschung. Denn die 51 Räume erzählen eine besondere, individuelle Geschichte.

Inszenierung ist heute so leicht wie noch nie in der Geschichte der Menschheit. Das Internet eröffnet uns die Möglichkeit, selbst als Wohnzimmer-Unternehmen oder Besenkammer-Firma so zu wirken, als wären wir ein international agierender Global Player. **Der richtige Rahmen hat auch immer etwas mit einer Mystifizierung zu tun.** Meine Oma wusste es schon immer. »Willst du was gelten, mach dich selten«, sagte sie gerne. An so vielen Beispielen habe ich die Wirkung dieses Rarmachens über die Jahre erleben dürfen.

Wer nicht kauft zur rechten Zeit (Teil 1)

In meiner Zeit als Weinhändler besuchte mich ein großer Importeur, der mich regelmäßig belieferte. Er sagte, er habe tolle Sonderkonditionen für mich und überreichte mir seine Preislisten. Ich studierte die Papiere genau. Doch ich konnte beim besten Willen keine besonderen Preise, Konditionen oder Rabatte finden. Also fragte ich ihn, worin denn die besonderen Konditionen bestünden. Seine Antwort verschlug mir die Sprache: »Die Sonderkonditionen bestehen darin, dass Sie die Preisliste fünf Tage vor allen anderen erhalten. Sie dürfen Ihre Bestellung also früher tätigen. So sichern Sie sich Weine und Mengen, die es in fünf Tagen voraussichtlich nicht mehr geben wird. Lassen Sie sich diese Gelegenheit nicht entgehen!«

Ich hielt das damals für einen schlechten Witz und schlug sein ach so tolles Angebot aus. Doch schon bald waren die ersten Weine, die mich interessiert hätten, restlos ausverkauft. Da wurde mir klar, dass der Importeur mich nicht angelogen hatte. Erst im Nachhinein fiel bei mir der Groschen: Wein ist eben ein ressourcen- und jahrgangsbeschränktes Produkt. Aber das ist eine seltene Ausnahme. Stimmt's? Stimmt nicht! Meine Frau belehrte mich diesbezüglich einige Jahre später eines Besseren.

Wer nicht kauft zur rechten Zeit (Teil 2)

Eines Tages zeigte meine Frau mir einen edlen Geldbeutel von Christian Louboutin. Louboutin, das hatte ich bereits von ihr gelernt, ist die Marke aller Marken. Die Begierde aller Frauen, vor allem wenn es um Schuhe geht. Genauer: um High Heels. Keine Frage, die Schuhe von Louboutin sind schön, sehr schön sogar. Aber ähnliche Schuhe bekommt man bei vielen Herstellern – mal abgesehen von einem kleinen, aber entscheidenden Detail: Die Sohle der Schuhe ist rot. Das ist das Markenzeichen von Christian Louboutin. Damit hat der Designer weltweit einen der Spitzenplätze erobert. Deswegen kann er für ein Paar Pumps gut und gerne 600 Euro und mehr verlangen.

Meine Frau machte mich also dezent auf diesen schwarzen Geldbeutel mit der roten Lederseite aufmerksam. Sie meinte: Sofern ich ihr diese Geldbörse schenken wolle (ein unmissverständlicher Wink mit dem Zaunpfahl), sollte ich sie schnell bestellen. Sonst wäre sie weg. Ich hielt das für ein typisches Marketing-Märchen. Gewissermaßen eine fingierte Verknappung, damit die Produkte schnell gekauft wurden. Sicherheitshalber legte ich das begehrte Stück trotzdem schon mal in den digitalen Warenkorb, um in den nächsten Tagen ganz in Ruhe die Bestellung auszuführen. Doch zu meinem großen Entsetzen war der Geldbeutel dann nicht mehr im Warenkorb, sondern restlos ausverkauft. Ich konnte es nicht fassen! Nun gut, dachte ich, es gibt ja noch mehrere Internet-Shops mit den Produkten von Louboutin und dazu auch noch Ladengeschäfte auf mehreren Kontinenten. Der Ehrgeiz hatte mich gepackt. Ich wollte meiner Frau unbedingt ihren Wunsch erfüllen. Also googelte ich einen halben Vormittag und klapperte alle Stores und Internetshops ab, um diesen speziellen Geldbeutel zu ergattern. Ich hätte immer noch schwören können, dass diese

Knappheit nur eine Masche war, um Begehrlichkeiten zu wecken und schlussendlich doch noch eine ganze Kiste voller Geldbeutel aus dem hintersten Regal zu zaubern. Doch dem war nicht so. Dieser verflixte Geldbeutel war tatsächlich restlos vergriffen!

Das konnte ich nicht auf mir sitzen lassen. Schließlich war ich derjenige, der immer behauptete, alles erreichen und alles besorgen zu können. Nun gehöre ich zu den Kreditkarteninhabern der schwarzen, aus Titan gefertigten Centurion Card, die es nicht auf Nachfrage, sondern nur auf Empfehlung von American Express gibt. Allein die Jahresgebühr bewegt sich in einem mittleren vierstelligen Bereich. Dafür sind die Ansprechpartner wirklich auf Zack. Sie versuchen, selbst das Unmögliche zu ermöglichen, was ihnen in meinem Fall schon mehrfach gelungen ist. Also bat ich den Mitarbeiter in der Hotline, alle Hebel in Bewegung zu setzen, um diesen Geldbeutel zu bekommen. Kosten spielten schon längst keine Rolle mehr. Hauptsache, das Ding wurde beschafft, wie auch immer. Doch diesmal war offenbar nichts zu machen. (Wie ich den Geldbeutel dennoch bekommen habe, erzähle ich dir, wenn wir uns mal persönlich kennenlernen.)

Begehrlichkeiten wecken

Um die Kauflaune zu wecken, hilft manchmal auch das Motto: **»Wer etwas Teures verkaufen will, muss etwas noch Teureres dazustellen.«** Das habe ich selbst erlebt: In meiner Zeit als Weinhändler wollte ich einen Chablis für 14 Euro verkaufen. Das war ein stolzer Preis, zumal der Discounter an der nächsten Ecke Weine für weniger als 2 Euro die Flasche anbot. Mein 14-Euro-Chablis war ein Ladenhüter. Doch dann stellte ich einen noch teureren Chablis für 29 Euro dazu. Und plötzlich kauften mehr Kunden den Chablis für 14 Euro. Na, sieh an, dachte ich. Ich platzierte einen noch teureren Chablis Grand Cru für 65 Euro im Regal. Von da an setzte ich von den beiden günstigeren Varianten mehr ab. Manche Kunden entschieden sich sogar für den teuren Grand Cru. Fantastisch!

Bei fast allen Luxusgütern sehen wir, dass der Rahmen mindestens genauso wichtig ist wie der Inhalt. Und: Je wertvoller die Verpackung, desto wertvoller wird der Inhalt wahrgenommen. Dabei spielt es keine Rolle, ob der Inhalt tatsächlich wertvoll ist. Das Rarmachen und Aufwerten kannst du auch in deinem Frame nutzen. Stell sicher, dass es dich nicht immer und überall und schon gar nicht zu jedem x-beliebigen Preis zu kaufen gibt. Setz ein Limit für die Teilnehmeranzahl bei deiner Veranstaltung oder führ die Regelung ein, dass sich Interessenten für einen Seminarplatz bei dir bewerben müssen.

Hack 4 Man ist eine Marke oder es geht um den Preis

Grundsätzlich geht es immer darum, ob du (schon) eine Marke bist. Denn Marken haben ihren Wert. Sie werden wertgeschätzt und dementsprechend honoriert. Dann geht es nicht mehr um den Preis, sondern um die Vergütung. Das Wort »Preis« ist negativ konnotiert. Wir verbinden es mit Ausgaben und Verlust. Deshalb spricht die Versicherung von der »Prämie«, die Börsen vom »Kurs«, die Firmen von »Konditionen« und nicht nur der Architekt vom »Honorar«. Begrifflichkeiten wie diese sind ein Beispiel dafür, wie Frames genutzt beziehungsweise verändert werden: **Worte schaffen einen Rahmen und bestimmen, worüber geredet wird.** Immer wieder werde ich gefragt, warum manche nicht über die Runden kommen, während Menschen, die mit mir zusammengearbeitet haben, bis zu 30 000 Euro verdienen – und das nicht pro Jahr, nicht pro Monat, sondern teilweise pro Tag oder pro Stunde? Die Antwort ist simpel: Wenn du keine Marke bist, geht es letzten Endes immer um den Preis.

Ich habe immer versucht, mich im wertvolleren Bereich anzusiedeln. Und es gibt für jede Branche unterschiedliche Nischen des Wertbewussten. Tatsache ist: **Marken werden nicht verkauft, Marken werden gekauft.** Teurer gekauft, weil sie einen Markenmagnetismus, eine Markenaura entwickelt haben. Schauen wir uns etwas so Simples wie Wasser an. Man kann Wasser in Plastikflaschen für wenige Cent pro Liter bekommen. Aber man kann auch das teuerste Wasser der Welt kaufen: Acqua di Cristallo Tributo Modigliani. Die Flasche ist mit

24 Karat Gold überzogen, die Form basiert auf einem Kunstwerk und hat bei einer Auktion satte 55000 Euro erzielt.[10] Noch mal in Worten: fünf-und-fünfzig-tausend Euro. Für eine Flasche Wasser!

Wenn du in einer Großstadt Schuhe kaufen gehst, werden alle Preissegmente bedient. Häufig siedeln sich bestimmte Preissegmente in bestimmten Straßen an. Das heißt, es gibt mehrere Geschäfte der gleichen Preisklasse in einer Straße. In München finden sich die Luxusschuhgeschäfte in der Maximilianstraße, in Düsseldorf ist es die Kö, in Berlin der Kudamm, in Hamburg der neue Wall und in Frankfurt die Goethestraße. Es kann leicht sein, dass das Schuhwerk hier zehnmal teurer ist als in allen anderen Straßen. Das ist auch eine Art von Framing. Es ist vergleichbar mit Monopoly: Da gibt es die Bahnhöfe, die einfachen Straßen sowie die Schlossallee und Parkstraße, die dementsprechend teurer sind. Beim Monopoly-Spiel ist die Gefahr, auf diesen Straßen Pleite zu gehen, sehr hoch. Im wahren Leben übrigens auch.

Hast du eine Preisliste für deine Leistungen? Wenn nicht, solltest du dir spätestens jetzt Gedanken über deine Honorare beziehungsweise deine Vergütung machen. Ansonsten verschenkst du dich und deine Leistungen oder verkaufst dich zumindest unter Wert. Denk darüber nach, welchen Nutzen du für deine Kunden bietest, welche Bedürfnisse du erfüllen oder welchen Schmerz du mit deinem Angebot lindern kannst. Daran bemisst sich auch dein Wert – und damit dein mögliches Honorar. Was wären deine Kunden für dein Produkt oder deine Dienstleistung zu zahlen bereit?

Hack 5 Auf den Schultern von anderen

So sehr man sich auch anstrengt, manchmal findet der eigene Rahmen zu wenig Beachtung. Vor allem zu Beginn fehlt die nötige Reputation oder die Aufmerksamkeit der richtigen und wichtigen Multiplikatoren. Wenn das auch bei dir der Fall ist, kann dich vielleicht jemand Huckepack nehmen. Es ist sinnvoll, sich von Beginn an im richtigen Umfeld zu präsentieren. Anders ausgedrückt: **Wenn du selbst noch nicht sichtbar genug bist, lass dich von anderen mit in deren Frame set-**

zen. Das kann deiner Karriere und deinem Erfolg den nötigen Booster geben.

Eine Möglichkeit, sichtbarer zu werden, ist die Teilnahme an einem Podcast. Heutzutage gibt es zu jedem Themengebiet Podcasts – von A wie Allergien bis Z wie Zoom-Hacks. Die meisten sind darauf ausgelegt, dass sie mit Gästen arbeiten. Das ist die Gelegenheit, dich in einem erstklassigen Rahmen zu zeigen, den du nicht einmal selbst erschaffen musst. Profi-Podcaster veröffentlichen in der Regel zwei Folgen pro Woche – oft mit zwei oder mehr Gästen. Und wir wissen alle, wie schnell eine Woche vorbeigeht und wie schnell wieder neue Podcast-Gäste gebraucht werden. Aber wie kommt man da rein? Alles, was du brauchst, ist ein interessantes Anschreiben mit der nutzenorientierten Bitte, dass du in diesem Podcast gerne als Gast dabei sein möchtest. Zusätzlich kannst du einen Affiliate-Link anbieten und deinen Gastgeber an den Einnahmen, die du über den Podcast generierst, beteiligen. So profitieren beide Parteien von der Podcast-Folge. Das mag abschreckend klingen. Aber es geht auf lange Sicht nicht um Sichtbarkeit allein. Ja, Sichtbarkeit ist der Schlüssel. Ein überaus wichtiger sogar. Gewissermaßen die Währung unserer Zeit. Doch: **Von Sichtbarkeit allein kann kein Mensch leben.** Es braucht immer auch die Absicht, das Ganze zu monetarisieren (mehr dazu in Kapitel 4). Und sei gewiss: Viele Podcaster freuen sich und sind ihrem Gast gegenüber offener, wenn sie nicht nur einen tollen Gesprächspartner bekommen, sondern auch die Möglichkeit, über eine zusätzliche Einnahmequelle Geld zu verdienen.

Sieh dich auf den gängigen Streaming-Plattformen um: Welche Podcasts könnten für dich und dein Thema interessant sein? Mach dir eine Liste. Oder andersherum gefragt: Welchen Mehrwert bringst du als Gast in einem bestimmten Podcast? Warum sollte dich der Creator einladen? Sammle Argumente für deine Anfrage. Was kannst du im Gegenzug – abgesehen von Content – liefern? Wie könnten alle Beteiligten von der Zusammenarbeit profitieren?

Denk auch daran: Damit du in einen Podcast eingeladen wirst, bedarf es einer als wertvoll angesehenen Marke. Was ist mit deiner Außenwirkung? Präsentierst du dich auf deiner Webseite als wertvolle Marke? Und was ist mit sonstigen Medien? Check das mal!

Das Ganze funktioniert natürlich auch in die andere Richtung: Mit einem Podcast, der thematisch zu deinem Frame passt, kannst du schnell und einfach guten Content schaffen. Das Schöne daran: Der Content muss nicht komplett von dir selbst erstellt werden. Er wird von den Gästen geliefert, die du zum Interview einlädst. Es ist in der heutigen Zeit für deine Gäste unproblematisch, an deinem Podcast teilzunehmen. Über Zoom oder vergleichbare Kanäle entstehen keine größeren Reisekosten oder sonstige Spesen. Zudem können deine Podcast-Gäste im Rahmen ihrer Teilnahme elegant auf ihre eigenen Angebote hinweisen. So wird dein Podcast zur kostenlosen Werbeplattform für deine Gäste und zur informativen Sendung für deine Zuhörer, die deinen Bekanntheitsgrad und deine Reichweite erhöht.

> Welche Art von Podcast könntest du ins Leben rufen? Was passt zu dir? Ist das überhaupt ein Kanal, der dich interessiert und dein Vorhaben voranbringt? Wie könnte dein Podcast heißen? Und welche Gäste fallen dir spontan ein, die du gerne einladen würdest?

➲ How to: Wie du größer denken lernst

Gib dir die Erlaubnis, erfolgreich zu sein

Irgendetwas scheint uns klein gemacht zu haben. War es das Schulsystem, das aus dem Kaiserreich stammt und dafür gedacht war, Menschen zu Arbeitsbienen und zu Soldaten zu machen? Oder die kasernenartige Haltung, die Kinder immer noch im Schulleben erdulden müssen – in einem Raum zu sitzen und alle 45 Minuten einen anderen Erwachsenen ertragen zu müssen? Oder war es der veraltete Lehrplan? Oder hat es schon ganz früh mit unseren Eltern und deren Erziehungsmethoden angefangen, die uns eher kleiner als größer gemacht haben? Oder ist es eine Mischung aus alldem?

Hier wird jeder eine anderslautende »Wahrheit« für sich finden. Ich denke, wir leben in einem System, das es uns nicht erlaubt, unsere eigene Größe zu erkennen. Es mag eine besondere Gabe sein, die mir in die Wiege gelegt wurde, dass ich das Potenzial der Menschen immer größer sehe, als sie es selbst tun. Was wäre aus all den Protagonisten, die ich in diesem Buch erwähne, geworden? Wo wären sie heute, wenn sie nicht zumindest *ein einziges Mal* den Mut gehabt hätten, mit ihrem bisherigen Werdegang, mit ihren Selbstzweifeln und ihren selbst auferlegten Beschränkungen zu brechen?

Eine der Grundfragen, die wir uns immer wieder stellen, lautet: »Wie werde ich erfolgreich?« Die Antwort muss jeder für sich selbst finden. Jeder muss für sich selbst definieren, was Erfolg für ihn persönlich bedeutet. Denn: **Erfolg ist ein Maßanzug und somit für jeden etwas anderes.**

> Was bedeutet für dich Erfolg? Wann fühlst du dich erfolgreich, wie ein Sieger? Wie definierst du das für dich? Geh diesen Fragen in Ruhe auf den Grund. Mach dir Gedanken, gerne auch Notizen. Die Antworten auf diese scheinbar simplen Fragen bringen dich wieder ein Stück näher an deinen Rahmen. Du kannst auch deine Gedanken mit Freunden, Familie oder Kollegen vergleichen und darüber diskutieren. Andere Perspektiven können dir helfen, dich abzugrenzen und deine eigene Definition von Erfolg klarer zu erkennen.

Bleib bei dir, bleib authentisch, bleib dir treu

Die meisten Menschen suchen händeringend, manchmal geradezu verzweifelt nach einer vielversprechenden Positionierung, nach irgendeinem Rahmen, der dann bitte gefälligst den erhofften Erfolg bringen soll. Ich behaupte: Die Suche nach einer Positionierung ist oft das grundlegende Problem. Denn du wechselst von dem, was du eigentlich schon bist, zu dem, was du glaubst, sein zu müssen. Damit bringst du dein Vorhaben in ernste Gefahr. Zumindest besteht das nicht unerhebliche Risiko, dass dein Unternehmen in der Folge weniger bis gar nicht authentisch sein wird.

Die gute Nachricht habe ich dir ja schon verraten: **Du brauchst dich nicht zu verbiegen oder grundlegend zu verändern, um einen authen-**

tischen Frame für dich zu finden, abzustecken, zu erweitern oder zu verändern. Viel spannender, zielführender und vor allem viel einfacher als die Suche nach der »besten« Positionierung ist die Frage nach deiner Botschaft.

Wer bist du? Was steckt in dir? Was macht dich aus? Welche Gedanken, Geschichten, Beispiele und Botschaften willst du senden? Kommunizierst du das alles auf entsprechende Weise? Auf welchen Kanälen bist du präsent – und passen sie tatsächlich zu deinem Frame?

Verlass dich auf deine Stärken – sie sind deine besten Zugpferde

Ich weiß, dass viele Menschen (möglicherweise auch du?) sich oftmals selbst sabotieren. Meist ist ihnen das gar nicht bewusst. Sie finden jede Menge Begründungen, warum ihr Vorhaben nicht funktionieren kann. Warum sie dafür nicht gut genug, nicht gebildet genug, nicht clever genug, nicht geschäftstüchtig genug – eben einfach nicht genug sind. Viele von uns sind wahre Weltmeister darin, sich selbst permanent schlechtzumachen und dauerhaft kleinzuhalten! Doch wenn wir schon unsere Schwächen betrachten, sollten diese nicht zur Kapitulation führen. Stattdessen sollten wir unsere Schwächen nutzen, um den richtigen Rahmen zu wählen. Denn: **Der Frame muss zu dem passen, was du kannst. Er soll nicht das umranden und damit zusätzlich betonen (!), was du nicht kannst.**

B Nehmen wir Christine als Beispiel. Ihren Nachnamen lasse ich an dieser Stelle bewusst weg. Christine ist eine großartige, kluge, intelligente Frau – mit einer kleinen Besonderheit: Sie ist Legasthenikerin. Daher ist sie kaum in der Lage, ein Posting, eine E-Mail, eine WhatsApp oder eine sonstige Nachricht zu schreiben, ohne dass das Ganze eine Handvoll Rechtschreib- und Grammatikfehler enthält. Insofern fällt es ihr schwer, sich mit Texten positiv zu präsentieren. Christine weiß, dass sie diese Schwäche hat. Aber sie kann gut damit leben und umgehen. Im Business und bei der Suche nach einem passenden Frame für die Kommunikation mit ihren Kunden fokussiert sie sich bewusst auf ihre Stärken. Neben den textaffinen Kommunikationskanälen gibt es schließlich eine Menge auditiver Kanäle wie Radio, Podcast und Video. Und reden kann Christine! Mittlerweile ist die Powerfrau in vielen Podcasts und Radiobeiträgen zu hören und auf allen audiovisuellen Kanälen überaus erfolgreich vertreten.

Welche Schwächen siehst du an dir? Und welche Stärken? Wenn du dir unsicher bist, frag eine Vertrauensperson, wie sie dich einschätzt. Welche Schwächen stehen deiner Meinung nach deinem Erfolg oder deinem derzeitigen Vorhaben im Weg? Stelle jeder deiner (vermeintlichen) Schwächen eine Stärke gegenüber. Bügle deine Schwächen mit deinen Stärken aus. Und: Konzentriere dich vor allem auf deine Stärken!

Vor Kurzem bekam ich eine E-Mail von einer Frau. Sie schrieb, sie sei schon Ü60. Daher wäre wohl nichts mehr zu machen, was eine Karriere oder ein gelungenes Leben anginge. Über solche resignierten Worte würde Greta Silver wohl nur laut lachen!

B Greta Silver ist in meinen Augen ein echter Rockstar. Menschen in ihrem Alter sprechen normalerweise von Rente und Ruhestand. Doch Greta sagt: »Von 30 bis 60 ist es genauso lang wie von 60 bis 90.« Greta will dem Alter den Grauschleier entreißen. Sie will zeigen, wie kostbar das Leben ist und was wir selbst für unser Glück tun können – in jedem Alter! Sie bewegt die Menschen auf außergewöhnliche Weise und rockt die Bühnen dieser Welt. Mittlerweile ist sie dreifache *Spiegel*-Bestsellerautorin mit *Wie Brausepulver auf der Zunge*, mit *Alt genug, um mich jung zu fühlen* und mit *Bring dich selbst zum Leuchten – Schönheit im Alter*. Sie wurde im Jahr 2021 vom *Focus*-Magazin zu den Top 100 Frauen der Gesellschaft gewählt. Kompliment! Greta Silver hat sich als lebensfrohe Frau nicht verbogen. Sie hat einfach gesendet, was sie ausmacht. So bleibt sie immer authentisch und klar.

Gibt es jemanden in deinem Leben, der dir als Vorbild dienen kann? Zu wem schaust du auf? Wessen Meinung ist dir wichtig? Wer spornt dich zu Höchstleistungen an? Wer schafft es, dich zu motivieren, wenn du einen Durchhänger hast? Such dir Verbündete, such dir Mitstreiter, such dir helfende Hände!

Stell dein Licht niemals unter den Scheffel

Die meisten Webseiten, Flyer oder Medien haben keinen hochwertigen Rahmen gefunden. Mehr noch: Viele sind – das ist meine felsenfeste Überzeugung – sogar umsatzschädigend! Dazu ein Beispiel, zugegeben ein recht pointiertes: Ein Kommunikationstrainer beschreibt sich auf seiner Webseite: »Im Kindergarten war ich noch ein wenig schüchtern, konnte mich dann aber in der Grundschule behaupten und wurde Klassensprecher. Von da an merkte ich, wie viel man durch Kommunikation erreichen kann, und wurde später sogar Schulsprecher. Die Kommunikation mit Menschen machte mir immer mehr Spaß und so wurde ich Redakteur in der Schülerzeitung. Nach der Schule habe ich mich zum Kommunikationscoach ausbilden lassen, habe ein DISG-Seminar und einen NLP-Kurs erfolgreich absolviert. Gerade bin ich in der Ausbildung bei Hubert Haller und biete heute im Raum Wuppertal Süd mein Kommunikationscoaching an.«

Klingt irgendwie unbeholfen und beliebig. Das Problem ist: Der Kommunikationstrainer kehrt die Treppe von unten nach oben, indem er seinen Werdegang in dieser Reihenfolge darstellt. Er preist unter anderem sein absolviertes DISG-Seminar an. Na, herzlichen Glückwunsch! Es gibt in Deutschland wahrscheinlich Tausende oder sogar Zehntausende, die es ebenfalls mit Bravour gemeistert haben. Gleiches gilt für seine NLP-Ausbildung. Versteh mich bitte nicht falsch: Ich will diese Ausbildungen keineswegs schlecht machen. Aber die Erwähnung solcher Ausbildungen macht dich vergleichbar mit allen anderen. Dadurch hebst du dich nicht im Geringsten von deinen Wettbewerbern ab.

Dieses Beispiel zeigt, wie sehr wir uns mit Kommunikationsmüll in unserer Darstellung schaden. Ich finde, dass die meisten Beschreibungen auf Webseiten in der Rubrik »Über mich« oder »Über uns« in der Außenwirkung kontraproduktiv, ja sogar erfolgshemmend sind. **Menschen kaufen Marken – vor allem Marken, die besonders sind, die einzigartig sind, die unvergleichbar sind.** Mit unseren Ausbildungsnachweisen erreichen wir häufig genau das Gegenteil. Wir wandeln diese Unvergleichbarkeit in eine Vergleichbarkeit. Doch dadurch entmystifizieren wir uns.

> Fokussiere dich in der Außenkommunikation auf das, wofür du stehst, was du kannst und welchen Nutzen du bietest. Schreib keine ellenlangen Abhandlungen darüber, was du einmal gelernt hast – wie so viele andere vor und nach dir.

Eingerahmt von Zahlen

Zahlen haben etwas Beeindruckendes; sie vermitteln Größe. Zahlen sind messbar, können aber auch unterhalten. Ich habe mal in einer Beschreibung meiner Person eine Doppelseite mit Zahlen über mich veröffentlicht, angefangen bei den Flugmeilen, die ich auf nationalen, internationalen oder interkontinentalen Flügen bisher erflogen hatte, bis hin zu den Nächten, die ich in Hotelbetten geschlafen hatte. Um das Ganze etwas aufzulockern, nahm ich auch amüsante Zahlen dazu – unter anderen meine Schuhgröße: 49!

B Die unglaublichste Zahl habe ich jedoch über Tony Robbins gehört. Tony Robbins zählt zu den erfolgreichsten Rednern und Veranstaltern im Bereich Persönlichkeitsentwicklung. Ich habe die Zahlen von einem seiner letzten Online-Seminare aus verlässlicher Quelle bekommen. Sie sind so schwindelerregend hoch, dass ich es kaum glauben kann. Und doch könnten sie realistisch sein. Denn der Top-Speaker hat allein auf Instagram 6 Millionen Follower. Dazu kommen wahrscheinlich ähnlich viele Follower auf den anderen Social-Media-Plattformen und noch etliche Adressen aus seinem Newsletter-Verteiler. Dadurch war es Tony Robbins möglich, ein Online-Seminar mit sage und schreibe 600 000 Teilnehmern zu veranstalten. Allein angesichts seiner Instagram-Follower ist diese Zahl – es wären ja weniger als 10 Prozent – realistisch. Von diesen 600 000 Teilnehmern buchten dann 48 000 eine seiner Folgeveranstaltungen. Auch diese Zahl ist mit einer Upsell-Quote von weniger als 10 Prozent mehr als realistisch. Der Umsatz ist das Unfassbare: Die Teilnahme an der Folgeveranstaltung kostete 19 000 Dollar. Somit erzielte Tony Robbins nur durch dieses *eine* Online-Seminar einen Umsatz in Höhe von 912 Millionen Dollar! Mir wird jedes Mal schwindlig, wenn ich diese Zahl lese.

Besondere Szenerie

Wenn du keine großen Füße oder andere bemerkenswerte Zahlen vorweisen kannst, reicht manchmal auch ein »Bömbel«. So nennen wir ihn intern jedenfalls gerne. Im Fachjargon sagt man eher Absperrständer oder Personenleitsystem dazu. Gemeint sind die goldenen Ständer, die mit einem roten dicken Tau miteinander verbunden werden und Menschen leiten sollen. In Amerika oder auch in Singapur stellt man so etwas gerne vor Luxusgeschäfte oder Nachtclubs. Hierzulande sieht man sie oft vor noblen Hotels. So wird der Eindruck erweckt, dass hier etwas Besonderes stattfindet, an dem möglicherweise gar nicht jeder teilhaben darf. Und schon sieht die ganze Szenerie wesentlich begehrlicher aus!

> Welche Möglichkeiten fallen dir ein, um dich als Person und als Marke, deine Produkte oder Dienstleistungen begehrlicher, wertvoller, bemerkenswerter oder besonderer zu machen?

Lass dich nicht unnötig ablenken – schon gar nicht von dir selbst!

Erst vor Kurzem habe ich – obwohl ich das sehr selten mache – drei Telefonate mit Interessenten geführt. Da wurde mir wieder einmal klar, warum ich das so selten tue: Die meisten Menschen wissen einfach nicht, was sie wollen. Zumindest nicht wirklich. Sie können es nicht beschreiben, nicht fokussiert darüber sprechen. Nicht umsonst kennen die wenigsten Menschen den Plural von Fokus, der übrigens nicht Foki, sondern Fokusse lautet. Aber das ist ja das Paradoxon: **Wer viele Fokusse hat, der hat den Fokus doch schon verloren.** Oder nicht?

Schon beim Versuch, mir ihre Zielsetzung zu erklären, sind meine Gesprächspartner bisweilen abgelenkt. Das merke ich sofort. Sie werden abgelenkt von ihren eigenen Geschichten. Doch die sind im Moment nicht relevant. Sie werden abgelenkt von Begründungsstrategien, wieso sie dieses oder jenes Ziel erreichen möchten. Ich finde es zuweilen amüsant, was Menschen mir erzählen. Es klingt oft so, als müssten sie sich für ihre Ziele und Wünsche vor mir rechtfertigen. Vor mir doch nicht! Ich bin doch dafür da, ihnen zu helfen, ihre Ziele zu erreichen. Doch dafür brauchen sie innere Klarheit.

Ich nehme jede Person ernst, unabhängig von dem Ziel, das sie anstrebt. Nur so kann ich meinen Job richtig machen. Ich glaube den Menschen das, was sie mir sagen. Das tiefergehende Problem ist, dass sie es sich selbst oft nicht glauben. Deswegen wollen sie das Gesagte wieder und wieder begründen. Im Grunde führen diese Menschen keinen Dialog mit mir, sondern eher einen Monolog mit mir als passivem Zuhörer. Wenn sie dabei die Hoffnung haben, Klarheit für ihre Wünsche und Vorhaben zu bekommen, ist das vollkommen in Ordnung. Ich diene dann gerne als Projektionsfläche. Aber so manches Mal frage ich mich: Wenn sich dieser Mensch schon von seinen eigenen Worten, Geschichten und Begründungen derart ablenken lässt, was passiert dann erst, nachdem er aufgelegt hat?

Der Schlüssel zum Erfolg ist also der Fokus, sich um genau das zu kümmern, was jetzt in diesem Moment dran ist. Fokus und Achtsamkeit liegen meines Erachtens sehr nah zusammen. Aber offen gestanden mag ich den Begriff »Achtsamkeit« nicht so gern und auch die Bedeutung im klassischen Sinne liegt mir manchmal fern. Die Konnotation ist häufig zu sanft, zu demütig und einen Tick zu esoterisch. Der Begriff »Fokus« hat für mich nahezu dieselbe Bedeutung und zusätzlich eine Zielrichtung. **Das heißt: Wir können wahre Größe erreichen, wenn wir in der Lage sind, uns auf das Wesentliche zu fokussieren!**

Das Leben ist ein perfekt eingerichtetes Ablenkungsmanöver.
Es gibt eine Vielzahl von Dingen, die dich aus der Bahn werfen können.
Deswegen solltest du stets ein Auge darauf haben,
dass du den Blick dorthin richtest, wo deine volle Aufmerksamkeit
gebraucht wird.

*****

Wenn du dich einem Ziel verschreibst, dann liegt die Besonderheit
darin, zu einem oder wenigen Zielen explizit Ja zu sagen.

*****

**Ein Ja zu etwas ist immer ein multiples,
oft aber nicht bewusst ausgesprochenes Nein
zu vielen anderen Dingen.**

*****

Wer Ja zu einer Partnerschaft sagt, sagt logischerweise Nein zu Millionen potenziellen anderen Partnern. Wer Ja zu einer Karriere sagt, sagt logischerweise Nein zu vielen anderen Karriereoptionen – zumindest für den Moment. Wer Ja zu Achtsamkeit und Fokus sagt, erteilt – zumindest in diesem Augenblick – Unachtsamkeit und mangelnder Konzentration eine glasklare Absage.

*****

Richte den Fokus auf deine wahren Ziele.
Sie haben Klarheit, Achtsamkeit und deine volle Aufmerksamkeit
verdient!

Warum »Mehr«
nicht immer
und für jeden
das Beste ist!

2. Frame-Verkleinerung: Den Rahmen enger fassen

Das Bauchladen-Problem: Warum »Mehr« nicht immer und für jeden das Beste ist

B Veit Etzold hat sich schon immer für Geschichten interessiert. Das Kreative lag in der Familie: Sein Vater war Künstler, arbeitete aber im Brotberuf als Werktherapeut für Behinderte. In Veits Erziehung war immer klar: Kunst war etwas Schönes, aber nichts, womit man Geld verdienen konnte. Grafikdesign hätte Veit sehr gereizt. Doch leider wurde er an der Kunsthochschule nicht angenommen. Also absolvierte der junge Mann stattdessen eine Lehre als Offsetdrucker. Das war zwar interessant, aber nicht das, was er sein Leben lang machen wollte. Das war ihm sehr schnell klar. Er beschloss daher, sich weiterzubilden. Also studierte er Anglistik und Medienwissenschaft, zunächst auf Lehramt – sehr zur Freude seines Vaters, der Lehrer geradezu vergötterte. Doch im Studium merkte Veit schnell: Leuten etwas beizubringen machte ihm Spaß, aber ganz sicher nicht in den Strukturen des deutschen Schulsystems.

»Wenn ich die Welt verändern will«, sagte er sich, »muss ich dahin gehen, wo die Hebelwirkung am größten ist.« Also dorthin, wo das Geld war. Veit sattelte kurzerhand auf Magister um. Er studierte in London weiter, absolvierte Praktika bei diversen Großunternehmen und wurde Stipendiat der Studienstiftung. All dies führte ihn schließlich zur Allianz und zur Boston Consulting Group, wo er insgesamt sieben Jahre arbeitete.

Die Liebe zu Geschichten und zum Schreiben hatte er über all die Jahre nie ganz aufgegeben. Nun wollte er die Schriftstellerei wieder in Angriff nehmen, aber diesmal richtig. Er schrieb seinen ersten Thriller *Das große Tier*, der jedoch nur mäßigen Erfolg hatte. Der Durchbruch kam mit *Final Cut*, dem ersten Band der mittlerweile achtteiligen *Clara-Vidalis-Reihe*.

Irgendwann fiel Veit Etzold auf, dass in der Wirtschaftswelt oft sehr langweilig kommuniziert wurde – sei es beim Verkauf von komplexen Produkten oder dem Erklären von strategischen Transformationsprojekten. Daraufhin untersuchte er die Erfolgsfaktoren von guten Storys genauer. Heute ist Professor Dr. Veit Etzold *der* Storytelling-Experte in Europa. Er hilft Unternehmen, Vorständen und Mittelständlern, die Einzigartigkeit ihrer Strategien, Produkte oder Ideen besser im Gehirn des Gegenübers zu verankern.

Viele Künstler orientieren sich an der Wirtschaft. Dort wollen sie mit ihrer Kunst Geld verdienen. Veit Etzold hat es umgekehrt gemacht: Er brachte die Kraft guter Geschichten in die Business-Welt. Als Lehrer im engeren wie im weiteren Sinne ist er heute noch tätig: als Professor für Marketing und Storytelling, als Keynote-Speaker und als Berater für Manager und Unternehmer, die mithilfe guter Geschichten besser verstanden werden wollen.

Es brauchte seine Zeit, bis aus Veit der Storytelling-Experte wurde. Es war, wenn man so will, das Konzentrat aus Leben und Leidenschaft. Ähnlich wie beim Kochen: Um einen schmackhaften Fond herzustellen, sollte man die dazu verwendeten Knochen vor dem Aufsetzen der Brühe rösten. Dadurch intensivieren sich die Aromen und ein Großteil des Fetts löst sich. Der Fond köchelt dabei mehrere Stunden vor sich hin. Wenn er langsam immer weiter eingekocht wird, entsteht ein entfettetes Konzentrat, das man Jus nennt, und für zukünftige Gerichte verwenden kann.

Ich kenne keinen einzigen Menschen, keinen einzigen Experten, der seine Positionierung, also seinen Frame, unverändert gelassen hätte –

zumindest keinen, der jünger als 78 Jahre ist. Die Veränderungen an diesen Rahmen sind früher oder später allerdings nicht mehr grob. Vielmehr wird mit einer feinen Feile modelliert, um dem Frame den nötigen Feinschliff zu geben und hier und da ein wenig nachzuarbeiten. Das Prinzip dahinter hat einen bekannten Namen: *Weiterentwicklung*. Die Welt bleibt nicht stehen: Neue Ideen, Innovationen entstehen, der Fortschritt ist unaufhaltsam und auch unsere Persönlichkeit entwickelt sich, passt sich externen und internen Veränderungen an. Es wäre ein Trugschluss, ein Selbstbetrug, ja geradezu eine Sünde zu glauben, man solle oder könne sich im Leben dauerhaft festlegen. Und auch das »Einkochen« eines Frames ist eine *never ending story*.

Zur Klarstellung: Eine Frame-Verkleinerung oder »den Rahmen enger fassen« bedeutet nicht, dass du auf einige deiner Qualitäten und Kompetenzen in Zukunft komplett verzichten musst. Es geht vielmehr darum, dass du statt einer Unentschlossenheit, die meist in der Aufzählung eines Bauchladens an Fähigkeiten, Fertigkeiten und Angeboten mündet, hinter dir lässt. Stattdessen bist du in der Außenwirkung für eine bestimmte Sache vorrangig erkennbar oder bekannt. Natürlich lassen sich in deinem Schatzkästchen der Kompetenzen noch viele andere Diamanten finden. Und die darfst du natürlich bei passender Gelegenheit auch nach wie vor zum Einsatz bringen.

Lass es mich so erklären: Stell dir vor, du hast es geschafft, dein erstes Buch zu veröffentlichen. Nun bekommt der Buchhändler vom Großhändler eine Palette. Auf dieser Palette sind viele verschiedene Bücher. Der Buchhändler beginnt nun, die einzelnen Bücher einzuräumen. Bei jedem Buch stellt er sich eine ganz bestimmte Frage. Weißt du, welche Frage das ist? Ganz einfach: »In welches Regal stelle ich dieses Buch?« Auch wenn wir das vielleicht nicht gerne hören, aber Verlage, Buchhändler, Agenturen, Geschäftspartner oder Kunden können erst mit uns zusammenarbeiten, wenn sie uns in einem bestimmten Regal im Laden oder in einer bestimmten Schublade in ihrem Oberstübchen verortet haben. Solange das nicht der Fall ist, können sie uns schlichtweg nicht (mehr) finden.

Das Ganze ist vergleichbar mit einer gewissen Ordnung im Privatleben oder in deinem Büro. Wenn du all deine Sachen wahllos in viele Schubladen, Schränke und Regale legst und noch dazu verschiedene

Stapel auf dem Boden und in jeder freien Ecke bildest, wirst du dir schwertun, etwas Bestimmtes auf Anhieb wiederzufinden. Wenn deine Ordnung dagegen einer nachvollziehbaren, eindeutigen Systematik folgt, hast du meist recht schnell Zugriff auf die Dinge, die du gerade brauchst.

Dass du deinen Frame »enger« oder »kleiner« machst, heißt lediglich, deinen Frame so anzulegen, dass andere Menschen dich leichter wiederfinden oder wiedererkennen können. Kannst du bei dir, deinen Fähigkeiten, deinen Botschaften, schon eine Systematik erkennen? Was könnte deine unverkennbare Signatur sein? Übrigens: Mehr dazu erfährst du in Kapitel 3.

B

Spitz spezialisiert

Sven Schöpker ist ein Multitalent. Er hat es geschafft, seine Firma – die Raumfabrik – zur Marktführerschaft in einer lukrativen Nische zu führen. An Standorten in Münster, Düsseldorf und Norderney errichtet er anspruchsvolle Neubauten, setzt Renovierungsprojekte mit derzeit 15 Architekten und rund 40 Handwerksunternehmen um. Nun baut er die modernste Tischlerei in Deutschland. Und während ich diese Zeilen schreibe, führt er eine Masterclass in Dubai durch. Sven Schöpker hat verstanden, welche Probleme es im Handwerk gibt. Mit großem Sachverstand berät er Handwerksbetriebe aus dem gesamten deutschsprachigen Raum, die sich in den unternehmerischen Themen Strategie, Verkauf, Mitarbeitergewinnung, Führung sowie Geschäftsprozessen weiterentwickeln wollen. Mit seiner »Mission starkes Handwerk« gilt er als die absolute Nummer eins für Handwerker, die erfolgreicher werden wollen.

B

Kurs korrigiert

Dr. Johanna Dahm ist ein ganz besonderer Mensch. Sie hat ihr Studium mit 1,0 und ihre Promotion *summa cum laude* absolviert. Zudem hat sie sich für Amnesty International und Greenpeace engagiert. Man sagte ihr eine steile Karriere in der Politik voraus. Doch sie entschied sich anders und bekam schnell internationale Führungs-

und Personalverantwortung bei der Unternehmensberatung Accenture. Danach wurde sie die jüngste weibliche Führungskraft im Life-Science-Konzern Novartis.

Ihre Arbeit drehte sich darum, die von ihr betreuten Units oder Konzerne durch Krisen und Wandel zu begleiten. Das Ziel war es, das bestmögliche Arbeitsumfeld und optimale Entwicklungsbedingungen zu schaffen. Das Knifflige daran? Beim wöchentlichen Meeting mit ihrem damaligen CEO und Konzernchef hatte Johanna genau eine Minute Zeit für eine Antwort. »Was soll ich ändern?« oder »Was würden Sie an meiner Stelle tun?«: Ihr blieben nur 60 Sekunden, um komplexe Fragen zu lösen. Für die Entscheidung zwischen Wahrheit oder Diplomatie. Die Wahrheit brachte ihr zwar oft den Zorn ihres Gegenübers ein, aber auch eine globale Karriere als Organisationsentwicklerin, Change-Managerin, Führungskraft. Sie durfte über die Jahre sehr viele Entscheider begleiten – und noch mehr von ihnen lernen.

Diese fulminante Laufbahn beendete Johanna aus freien Stücken, als ihre Mutter pflegebedürftig wurde. Sie kehrte nach über einem Jahrzehnt Arbeit im außereuropäischen Ausland nach Deutschland zurück. Während sie ihre Mutter auf ihrem letzten Weg begleitete, fing sie hier bei null an – ohne Netzwerk, ohne Marke, ohne Namen. Sie musste sich fragen: »Was kann ich? Was muss ich ändern? Was ist der Kern dessen, was ich tue?« Diese Fragen konnte sie in einer Minute locker beantworten: Der Kern war und blieb das Thema Entscheidungen. Sie wollte sich selbstständig machen und mit ihrer Firma Menschen und Organisationen in Entscheidungsprozessen unterstützen. Sie durch Krisen und Wandel führen und für Veränderungen begeistern.

Mittlerweile ist Johanna eine erfolgreiche Rednerin, Autorin, Mentorin und Beraterin. Durch »den besten Chef ihres Lebens«, wie sie selbst sagt, war sie auf schnelle Entscheidungen vorbereitet. Der Tod ihrer Mutter hat sie noch resilienter gemacht. Menschen und Unternehmen rund um den Globus stellen ihr immer wieder ähnliche und doch spannende Fragen. Johanna empfindet es nach wie vor als Geschenk, dass sie das tun. Und noch immer zieht sie die Wahrheit der Diplomatie vor. Sie ist überzeugt: Selbst wenn es die perfekten Entscheidungen nicht gibt – die Entscheidungen, die man gemeinsam trifft, sind die richtigen.

B Lieber leidenschaftlich

Felix Beilharz kennt Social Media und alle damit verbundenen Mechanismen in- und auswendig. Wenn man eine Sache so gut beherrscht, sollte man darin auch die Meisterschaft anstreben. Es ist daher kein Wunder, dass Felix einer der führenden Experten für Online- und Social-Media-Marketing geworden ist. Man kennt ihn mittlerweile aus ARD, Sat.1, RTL, Vox, Handelsblatt und Wirtschaftswoche. Er hat seine Leidenschaft zum Beruf und seine Expertise sichtbar und buchbar gemacht.

Heute ist Felix ein gefragter und gut honorierter Experte – und das nicht nur in Deutschland, sondern auch im Ausland. Beispielsweise hat er Lehraufträge an Hochschulen in Köln und Zürich. Zudem ist er Mitglied im Coaching Council des Forbes-Magazins und war auch schon als Vortragsredner zu Gast an der Lee Strasberg Academy in Los Angeles.

B Breit begabt

Boris Thomas ist in vielen Geschäftsfeldern sehr erfolgreich unterwegs. Zum einen ist er Geschäftsführer und Inhaber des Weltmarktführers Lattoflex. Er konnotierte Glück mit gutem Schlaf. Denn er weiß, dass guter Schlaf – den man in seinen Augen natürlich am besten auf Lattoflex-Lattenrosten bekommt – glücklich macht. Man kann durchaus behaupten, er sei der Elon Musk der Lattenrost-Branche. Sein Werdegang ist geprägt durch all die Erfahrungen, die man als Geschäftsführer eines Weltmarktunternehmens sammeln darf.

In seinem ersten Buch, *Fang nie an aufzuhören*, hat er seine persönlichen Erfahrungen, mit Krisen umzugehen und sein Unternehmen zu einem Weltmarktführer zu gestalten, beschrieben. Das Werk wurde ein großer Erfolg und seine Leser wünschten sich ein weiteres Buch, das 2021 unter dem Titel *Teile die Wolken und finde den Weg* weltweit veröffentlicht wurde, unter anderem in China, das zu den größten Lattoflex-Märkten zählt. Dazu passend hat Boris den Wolkenteiler-Podcast ins Leben gerufen und sendet darüber hinaus Botschaften via Blog. Mittlerweile kommen Fernsehsender, Kunden und Veranstalter auf Boris zu, weil sie nicht nur besser schlafen, sondern auch von ihm lernen wollen, wie man Marktführer wird.

Hat Boris seinen Frame tatsächlich verkleinert? Nicht wirklich, denn als Multitalent hat er viele Optionen und Potenziale. Die Besonderheit liegt darin, dass er begonnen hat, einen wiedererkennbaren Rahmen um sich zu ziehen. Nach wie vor ist er Produzent. Allerdings ist er jetzt zusätzlich auch »Botschafter«. Gemeinsam mit seiner Botschaft bringt er seine Produkte an den Mann. Er möchte, wie er selbst sagt, »Menschen dazu ermutigen, den nächsten Schritt im Leben zu gehen«, indem er seine Erfahrungen und Erkenntnisse mit ihnen teilt.

So unterschiedlich all diese Menschen und ihre Unternehmen sind, haben sie doch eins gemeinsam: einen sichtbaren Kern – einen unverkennbaren Jus. Veit Etzolt ist der »Storytelling-Experte«, Sven Schöpker die »Nummer eins für Handwerker«, Johanna Dahm die »Fachfrau für Entscheidungen«, Felix Beilharz der »Social-Media-Kenner« und Boris Thomas der »Lattenrost-Erfinder«, »Marktführer-Macher« und »Wolkenteiler«.

Wenn du dir die anderen Beispiele in diesem Buch anschaust, wirst du erkennen, dass es bei vielen einen eindeutig benennbaren und somit wiedererkennbaren Kern gibt (manchmal muss man nur ein bisschen genauer hinsehen). Es ist das, wofür sie stehen. Das, was sie tun. Das, was sie kommunizieren. Doch manchmal ist das, was sie tun und kommunizieren gar nicht in einem Wort, in einem USP zusammenzufassen. Man könnte sagen, man kann das alles gar nicht unter einen Hut bringen. Und das ist genau der Schlüssel: Es trotzdem zu tun. Eine Aussage, eine Botschaft oder eine Mantelpositionierung zu haben, unter der all die Schätze und Inhalte liegen, die man im Titel nicht zum Ausdruck bringen konnte.

Viele wollen eine glasklare Positionierung haben, die messerscharf erklärt, was sie tun und was sie alles nicht tun. Zudem sollte das Ganze dann auch noch sexy klingen. Ein Unterfangen, bei dem die meisten scheitern. Und weil viele glauben, dass sie ohne das perfekte Wording für ihre Positionierung nicht starten dürfen, bleiben sie stehen – und damit erfolglos. Anstatt eine Botschaft oder einen Überbegriff in den Vordergrund zu stellen und zu starten. Insofern ist es schon eine Art der Frame-Verkleinerung, überhaupt damit zu beginnen.

Was ist dein Kern, dein Schlagwort, dein Jus? Kannst du das bereits benennen? Wenn nicht, keine Panik. Doch ein schlechter Ratschlag wäre, an dieser Stelle lapidar zu sagen: »Das wird schon noch. Dann musst du eben noch weiter einkochen. Nur nichts überstürzen. Nimm dir ruhig die Zeit, herauszufinden, was dich im Kern ausmacht.« Das klingt nett und überaus mitfühlend. Doch es führt selten zu Ergebnissen, sondern zu noch mehr Gedanken, noch mehr Optionen, noch mehr Unsicherheit.

Deshalb meine Bitte: Denk nicht noch länger nach. Fang an. Pick dir ein Thema raus, das dein Kern sein könnte. Entwickle daraus deinen ersten Schritt. Du wirst sehen: Im Tun kommen neue Ideen, neue Schritte, neue Optionen, neue Unsicherheiten und neue Sicherheiten – das nennt sich Wachstum. Dann bist du auf dem Weg!

Meine Hacks: Strategien, Irrtümer und Chancen der Frame-Verkleinerung

Hack 6 Der Weg ist das Ziel – und wird nie erreicht

»Der Weg ist das Ziel.« Angeblich stammt dieser Spruch vom chinesischen Philosophen Konfuzius. Demnach ist der Weg (Prozess), der zu einem bestimmten Ziel (oder Ergebnis) führt, wichtiger als das Ziel selbst. So wirst auch du deinem Frame-Findungsprozess manchmal näher sein und manchmal ferner. Diese Schwankungen sind ganz normal. Hinzu kommt, dass du nie wirklich am Ziel ankommen wirst. **Wir entwickeln uns immer weiter. Reagieren auf äußere Umstände. Verändern uns und passen uns diesen veränderten Gegebenheiten an.**

Wenn ich an meine eigene Entwicklung über all die Jahre denke, musste ich *sehr* viele Knochen rösten und *sehr* viel einkochen, um da hinzukommen, wo ich heute stehe. Und ich kann dir versichern, dass mein Jus immer noch nicht fertig ist – übrigens zu meiner großen

Freude. Denn sonst wäre das Leben entweder langweilig oder ich wäre tot.

Zu Beginn meiner Karriere hatte ich nicht den geringsten Schimmer, wer oder was ich werden sollte. Ich entwickelte mich zum Experten für Verhandlungen, dann zum Experten für Präsentationen, wollte aber eigentlich immer Motivationstrainer werden. Da ich damals dem Irrglauben erlag, dass es in einem Markt immer nur einen, nämlich den Besten, geben konnte, entschied ich mich schließlich gegen die Motivation und wurde stattdessen lieber Verkaufsexperte. Dazu hatte ich zwar kaum Lust, aber zumindest hegte ich die berechtigte Hoffnung, dass man damit gutes Geld verdienen konnte.

Bei meinen Vorträgen merkte ich dann schnell, dass die Teilnehmer auch keine Lust auf den Verkauf hatten. Sie wollten viel lieber *gekauft* werden, anstatt sich zu verkaufen. Meine Antwort darauf lautete: Marketing. In der Folge schrieb eine Zeitung über mich, ich sei »einer der zehn besten Marketing-Experten in Deutschland«. Mir fiel allerdings auf, dass die Menschen meine Marketingtipps nur bedingt anwandten, aber durch meine Vorträge offenbar die nötige Motivation und Inspiration bekamen, den nächsten Schritt zu gehen, also überhaupt etwas zu tun und dafür die Ärmel hochzukrempeln. Meine Vorträge wurden immer motivierender und mitreißender – und ich wurde immer häufiger gebucht.

Eines Tages stand ich am Bühnenrand und wartete, bis meine Anmoderation beendet war und ich auf die Bühne gehen konnte, um meinen Vortrag zu halten. Ich traute meinen Ohren nicht, als ich den Moderator sagen hörte: »Und jetzt kommt der Motivationstrainer Hermann Scherer!« Jetzt war ich also endlich der Motivationstrainer, der ich immer hatte sein wollen – zumindest laut dieser Ankündigung. Die Erfahrung an diesem Tag auf der Bühne war geradezu erhellend, denn vom ersten Moment an erwarteten die Teilnehmer, dass ich ein Feuerwerk entzündete, ihnen mentale Dynamitstangen in den Hintern steckte, und manche hatten offenbar sogar die Befürchtung, dass wir gleich alle gemeinsam über glühende Kohlen laufen würden. Die freudige Erwartung bei dem einen Teil der Gruppe war genauso groß wie die Angst bei dem anderen Teil der Gruppe, dass sie nun ganz und gar schreckliche Dinge machen müssten. Das bedeutet, obwohl mein Vortrag der gleiche war wie immer – ich hatte ja nichts daran verändert –, wurde er durch den neuen Frame »Motivationstrainer« vollkommen anders wahrgenommen.

Mein Traum, Motivationstrainer zu werden, war in Erfüllung gegangen, doch schon wenige Minuten später wusste ich, dass ich gar keiner sein wollte. Wieder war ich in der Findungsphase, wieder suchte ich einen neuen Frame und nannte mich von da an (zugegeben recht langweilig) »Business-Experte«. Im Laufe der Jahre beschloss ich, diesen ganzen Heckmeck nicht mehr mitzumachen. Ich war es leid, mir ständig neue Begrifflichkeiten auszudenken für das, was ich tat. So wurde ich schlussendlich auch in der Außenkommunikation der, der ich schon immer war, nämlich Hermann Scherer.

Das bedeutet aber nicht, dass meine Reise damit zu Ende war. Ja, ich machte mir keine großen Gedanken mehr über die Überschrift, die zu mir passte oder nicht passte, nichtsdestotrotz ging meine Entwicklung weiter. Ich gewöhnte mir stattdessen an, mich mehr über meine Botschaften als über irgendeine Positionierung zu definieren. So mache ich heute Menschen zur Marke, damit sie den Logenplatz im Kundenkopf erobern und das verdienen, was sie wert sind. Das, was ich heute tue, ist also der Extrakt einer langen Reise und all der Abenteuer und Erfahrungen, die man auf dieser Reise machen darf.

> Wenn du noch nicht ganz sicher bist, was deine Positionierung, dein passender Rahmen ist und du derzeit noch einen Bauchladen vor dir herträgst, ist das fürs Erste vollkommen okay. Du hast eben viele Interessen. Versuche dennoch, sie sinnvoll zu bündeln, damit du erkennbarer und dadurch sichtbarer wirst.

Hack 7 Mutig sein zahlt sich immer aus

»Wenn ich es mache, dann mache ich es richtig!« Dieser Satz ist einer der zerstörerischsten unseres Lebens. Wir wollen gerne das endgültige Ziel definieren, es am liebsten über Nacht erreichen und damit die Reise abschließen. Doch leider schließen wir damit auch die Reise unseres Lebens, den Weg, die Entwicklung aus. Das Problem dabei? Oft glauben wir, dass wir eine Entscheidung treffen müssen, die dann ein Leben lang Bestand hat. Die meisten Menschen wagen sich erst an ihren Frame, wenn es hohe Sicherheit gibt, dass dieser Rahmen »der richtige« ist. Und genau aus diesem Grund werden so viele Ideen, so viele Pläne, so viele Vorhaben niemals umgesetzt.

Wie schon gesagt: Nur weil jemand heute erfolgreich ist, heißt das noch lange nicht, dass er »immer schon« zu den Gewinnern zählte oder ihm die Erfolgsgeschichte bereits in die Wiege gelegt wurde. Er musste schon selbst aktiv werden, etwas leisten, unliebsame Dinge durchziehen, manchmal scheitern, aber häufiger gewinnen. Bei dieser Reise hat er ganz sicher nicht immer gewusst, was er zu tun oder zu lassen hatte und wie das Ergebnis letztlich aussehen würde. Aber er hatte die Hoffnung, er hatte eine Vision und er ist seinen Weg beharrlich gegangen. Einige würden dann von Glück sprechen, andere von Zufall oder Fügung – aber im Grunde geht es darum, Chancen zu ergreifen, den Glauben an sich selbst nicht zu verlieren und nach einem Misserfolg weiterzumachen oder etwas anderes zu versuchen.

Was Erfolgreiche auszeichnet – wenn wir jetzt mal rein vom geschäftlichen Erfolg sprechen – ist ihre Vorgehensweise bei der Entscheidungsfindung. Ich habe über die Jahre mehrere Tausend Geschäftsführer, Vorstandsvorsitzende und andere erfolgreiche Menschen kennengelernt. Dabei hat sich ein Muster herauskristallisiert. Wenn wir eine Entscheidung fällen müssen, haben wir mehrere Optionen. Wir können:

1. Die Entscheidung fällen: »Ja, ich mache es!«
2. Die Entscheidung fällen, es später zu machen, aber sich sofort dazu zu committen, also direkt die entscheidenden Maßnahmen in die Wege zu leiten – beispielsweise einen Vertrag unterschreiben, Tickets kaufen, eine Reise buchen …
3. Die Entscheidung zu fällen: »Nein, ich mache es nicht!«
4. Die Entscheidung schwammig aufzuschieben: »Ich denke mal darüber nach …«

Erfolgreiche Menschen arbeiten mit den ersten drei Optionen. Dagegen wählen die weniger Erfolgreichen oft die vierte Option und schieben die Entscheidung vor sich her. Erfolgreiche Personen erlauben sich eine solche Unentschlossenheit im Business nicht. Sie entscheiden sofort und konkret, damit sie keine offenen Baustellen haben, die ihnen bewusst oder unbewusst die Energie rauben.

B

Mutmomente

Christina-Joy Nöcker, alias Chrissi-Joy hat ihr »normales Leben« an den Nagel gehängt und wirkt mit ihrer wunderbaren Art und Weise einerseits als Model, andererseits als Coach, der mehr Mut, mehr Leichtigkeit und mehr Selbstbewusstsein in das Leben anderer Menschen bringt. Sie schafft von den verschiedensten Orten dieser Welt. Momentan wohnt sie in Köln und Los Angeles. Chrissi-Joy schrieb mir einmal so wunderschöne Zeilen, dass ich sie dir – natürlich mit ihrer Erlaubnis – an dieser Stelle weitergebe. Denn besser hätte ich es auch nicht formulieren können: »Ein flexibler Rahmen kann große Wirkung erzeugen, solange er wie maßgeschneidert zu dir passt. Was immer gilt: Mit Mut fangen die schönsten Geschichten an. Mut ist wie ein Dominostein. Er bringt so viel Neues in Bewegung, eine Kette von Mutmomenten. Setze deinen Rahmen aus Mutelementen anstatt aus Elementen der Angst zusammen – der Dominoeffekt ist unglaublich!«

Es mag sein, dass der eine oder andere schneller Erfolgserlebnisse feiert oder sich leichter tut, seinen passenden Frame zu finden. Aber das ist noch lange kein Grund für dich, es nicht selbst zu versuchen. **Was könnten deine persönlichen Mutmomente und Mutelemente sein, die deinen Frame untermauern und festigen?** Das können auch Personen sein, die dich unterstützen, wenn du mal allein den Mut nicht aufbringst. Das ist keine Schande, sondern einfach nur menschlich.

Trau dich, mach dein Ding, zieh es durch! Du wirst überrascht sein, zu welch überragenden Leistungen du wirklich fähig bist. Und vergiss nicht den Champagner zur Feier des Tages, wenn dir dein Vorhaben gelingt. Den hast du dir mehr als verdient!

Hack 8 Warum nichts jemals perfekt sein wird

Ich habe in meinem Leben unheimlich viele clevere, intelligente, gebildete, enorm kompetente Menschen kennengelernt. Einige zeigten mir Dutzende von Diplomen. Doch gleichzeitig erzählten sie mir, dass sie kaum genug Geld verdienten, um ihre Kosten zu decken. So viel Kompetenz, so viele Diplome – und das reichte dennoch nicht fürs Überleben? Es ist ein Drama, ein echtes Trauerspiel, wie viele Menschen um Geld kämpfen müssen. Ein häufiger Grund dafür ist die *Perfektionismusfalle*, in die so viele von uns tappen. Wir schaffen es nicht, einfach einen Rahmen zu setzen und loszulegen, wenn dieser Frame für uns auf dem ersten Blick zu wenig perfekt, zu klein, zu eng erscheint. Dann reden wir uns ein, dass wir erst noch dieses und jenes abklären, das noch schnell recherchieren, hier noch einmal nachfragen, mehrere Nächte darüber schlafen und dann noch einmal nachbessern müssen. Und noch einmal. Und noch einmal. Und noch einmal.

Willst du auch immer besser werden? Handelst du grundsätzlich nach dem Motto »Das Bessere ist des Guten Feind«? Strebst du immerzu nach Perfektion? Dann wünsche ich dir viel Spaß beim Scheitern! Ja, es kann leicht passieren, dass »Verbesserungsfetischisten« scheitern, das ist sogar wissenschaftlich erwiesen. Für viele Unternehmen und Menschen ist Perfektion ein absolutes Muss – etwa als Qualitätsmerkmal für Produkte und als Ticket für den nächsten Schritt oder den erfolgreichen Markteintritt. Doch Detailverliebtheit hat ihre Schattenseiten, vor allem wenn dadurch die Fertigstellung von Produkten nach hinten verschoben wird oder andere Verzögerungen entstehen. Das ist unnötig, unproduktiv, verschwenderisch und teuer. Übermäßiger Perfektionismus kostet nämlich nicht nur Zeit, sondern auch noch Geld – und davon nicht zu knapp. Laut einer Studie von Proudfoot Consulting sind deutschen Unternehmen satte 135 Milliarden Euro Kosten pro Jahr durch Perfektionismus entstanden![11]

Kann es sein – und ich stelle diese Frage ganz vorsichtig – dass eine zu hohe Qualität und zu hohe Ansprüche sogar schlecht für deinen Erfolg sind? Mag sein, dass einige diese Behauptung provokativ oder zumindest gewagt finden. Dennoch bitte ich dich, diese Aussage nicht gleich kategorisch abzulehnen. Denk erst mal in Ruhe darüber nach.

Die Suche nach dem passenden Frame ist so manches mal ein Wachsen, ein Reifen, ein Kondensat deines Lebens: Das alles wirst du nur dann erreichen, wenn du trotz Abschluss mit summa cum laude nicht in die Perfektionismus- und die Wenn-ich-es-mache-dann-mache-ich-es-richtig-Falle tappst.

Zu viele Menschen gehen zu selten »all in«: Denn sie haben viel zu große Angst davor, die falsche Entscheidung zu treffen. Deswegen bleiben viele von ihnen Kleindenker, besitzen nur wenig Geld und können sich nur mittelmäßige Dinge leisten. Mein flammender Appell an dich lautet also: Hilf dir selbst, denn wenn du es nicht tust, ist das unterlassene Hilfeleistung. Du musst loslegen, beginnen, starten, egal auf welche Weise. Tu es einfach! Heute noch!

Hack 9 Es ist öfter das »Schlechte«, das gewinnt

Wenn man Führungskräfte fragt, woran sie gerade arbeiten, hört man in der Regel: »Verbesserungsprozesse«, »Kundenwünsche erfüllen« oder Ähnliches. Daran ist nichts falsch. Aber es ist nicht ausreichend, um im Wettbewerb ganz vorne dabei zu sein. Die meisten Unternehmen versuchen, bestehende Produkte, Dienstleistungen und Prozesse immer weiter zu optimieren. Gerade weil Marktführer oft so sehr auf die Bedürfnisse ihrer Stammkunden achten, fehlt ihnen häufig der Blick für revolutionäre Neuerungen. Bevor Manager beschließen, eine neue Technik, ein neues Produkt, ein neues Verfahren oder neue Vertriebswege einzuführen, hören sie auf den Kunden. Logisch, oder? Gute Unternehmensführung sieht eben so aus. Oder etwa nicht? Was passiert, wenn die Kunden diese neuen Konzepte ablehnen, weil sie die alten Angebote und Produkte besser finden?

Viele Unternehmen haben auf die Meinung und die Einschätzung ihrer Kunden gehört. Sie haben die gewünschten Produkte oder Dienstleistungen geliefert – und sind damit kläglich gescheitert. Warum? Verbesserungen gefährden die Existenz, wie ein Artikel der *Harvard Business School Press* mit dem Titel **»The Innovator's Dilemma«** zeigt. Ja, du hast richtig gelesen! Und warum? Weil der Wettkampf meist gegen ähnliche Wettbewerber geführt wird, die mit ähnlichen Mitarbeitern mit ähnlicher Branchenblindheit denken, ähnliche Ideen haben und ähnliche Produkte in einer ähnlichen Qualität zu einem ähnlichen Preis anbieten. Das ist einfach zu viel Ähnlichkeit. Das gleicht dem Kampf zweier Rasiererhersteller, die sich ständig mit der Anzahl der Klingen übertreffen wollen. Sie leiden unter dem »Ich-habe-eine-Klinge-mehr-Syndrom«. Doch was wäre, wenn es plötzlich ein ganz neues Verfahren zur Beseitigung von Bartstoppeln gäbe? Möglicherweise ein Gel, eine Tablette, was auch immer – von einem Start-up auf den Markt gebracht und zum Erfolg geführt. Dann haben die Klingen von heute auf morgen ausgedient.

Revolutionäre Veränderungen finden selten im klassischen Marktumfeld statt. Meist werden disruptive Änderungen in eher unscheinbaren Randbereichen erfolgreich entwickelt und zur Marktreife gebracht. Disruptive Technologien sind Innovationen, Produkte oder Dienstleistungen, die die aktuellen verdrängen. Diese Innovationen sind meist am unteren Ende des Marktes und in neuen Märkten zu finden und den etablierten Produkten – zumindest anfangs – noch unterlegen. Sie sind vielleicht noch nicht hundertprozentig ausgereift oder leistungsfähig, dafür aber revolutionär. Deswegen werden in Zukunft nicht die Besseren die Guten schlagen, sondern im Extremfall die Besten von den Schlechtesten geschlagen werden.

B

Lass uns einige Beispiele anschauen. Wenn schon einige Kerzen auf deiner Geburtstagstorte stehen, kannst du dich bestimmt auch an die älteren erinnern:

- Nehmen wir mal die 5,25 Zoll- oder die 3,5 Zoll-Disketten und -Laufwerke. Nicht die besseren, sprich: kleineren, Laufwerke haben das Rennen gemacht. Vielmehr hat die CD-ROM den Wettbewerb gewonnen – ein völlig neues Medium. Auch Audiokassetten haben gegen die CD verloren. Letztere wiederum wurde schließlich von der Cloud und von den Streaming-Diensten abgelöst.

- Wachswarenhersteller haben versucht, immer bessere Kerzen zu entwickeln. Doch am Ende haben sie gegen das elektrische Licht verloren. Dabei war die Glühbirne anfangs sogar weniger hell als eine Kerze.

- Digitalkameras konnten zunächst qualitativ nicht überzeugen. Pixelige Auflösungen stellten einen großen Nachteil gegenüber der klassischen Kleinbild-Fotografie dar. Doch die Vorteile dieser Technologie lagen auf der Hand: Das Ergebnis ließ sich sofort überprüfen, ohne weitere Kosten. Zudem konnten die Fotos direkt weiterverarbeitet oder kopiert werden. Während Kodak versuchte, auch noch das letzte Fitzelchen an Entwicklungsqualität aus den analogen Kameras herauszuholen, waren viele Anwender mit den digitalen Bildern in schlechterer Auflösung zufrieden. Mittlerweile hat sich auch in diesem Bereich die Bildqualität längst verbessert und Digitalkameras haben die analogen längst verdrängt.

- Als die ersten Taschenrechner mit den Grundrechenarten auf den Markt kamen, waren sie so unverschämt teuer, dass man sie kaum bezahlen konnte. Trotzdem war der Rechenschieber langsam, aber sicher passé.

- Selbst die erste Generation des Apple iPhone, stylisch und bedienerfreundlich, war in Relation teurer als andere Handys. Zudem sprachen die Testberichte nicht wirklich für das iPhone. Dennoch trat es einen geradezu unglaublichen Siegeszug an.

Diese Liste ließe sich vermutlich noch endlos fortsetzen – und zwar nicht nur bei Produkten, sondern auch bei Dienstleistungen. Es würde mich überhaupt nicht wundern, wenn dir beim Lesen spontan mehrere andere Beispiele eingefallen wären. Aber was haben all diese Ausführungen zu Disruptionen mit dir zu tun? Lass uns dazu einen kritischen – und wieder mal leicht pointierten – Blick auf die Erfolge vermeintlich schlechter Qualität werfen:

Du hältst gerade mein Buch in den Händen. Nun lautet meine provokative Frage: Ist dieses Buch nicht an sich schon der Ausdruck von schlechter Qualität? Wäre es nicht viel besser, sinnvoller und hilfreicher, wenn du nicht dieses Buch, sondern einen meiner Onlinekurse nutzen würdest? Aber Moment mal ... ein Onlinekurs hat bei genauerem Hinsehen ja auch eine relativ schlechte Qualität: Du kannst keine Fragen stellen und das Format ist nicht interaktiv. Wäre es dann nicht noch viel besser, wenn du in meine digitale Masterclass kommen würdest, in der wir uns auch austauschen können? Aber wenn man genauer darüber nachdenkt, hat auch die digitale Masterclass so einige Nachteile. Schließlich findet sie nur digital und mit mehreren anderen Teilnehmern statt. Wäre es daher nicht noch viel besser, wenn du gleich zu mir ins GOLD-Programm kommen würdest? Da sehen wir uns persönlich und können auch im Zweiergespräch vieles erörtern.

Dieses Gedankenspiel lässt sich problemlos auf andere Produkte und Dienstleistungen übertragen. Für mich steht fest: Diese eine gute oder gar perfekte Qualität gibt es nicht. Und wenn es diese Qualität gäbe, wäre da immer noch die Frage des Preises. Kurzum: Es geht nicht um die ultimative, die perfekte Lösung, sondern um eine adäquate, die den gewünschten Nutzen bringt und dabei in Relation bezahlbar bleibt. Ist mein Buch die ultimative Lösung? Vermutlich nicht. Aber es zu lesen ist ein erster Schritt für dich: Ich kann dir auf diesem Weg aus der Ferne solide Hilfestellung geben. Und vielleicht reicht dir das ja schon, um auf deiner Suche nach einem Frame voranzukommen und die Kosten bleiben für dich so auch überschaubar.

Strebe nicht nach Perfektion, nicht nach dem Besten des Besten – es ist in der Regel unerreichbar und häufig unbezahlbar. Abstufungen der Qualität sind legitim, und du musst nicht von Beginn an die absolute Premium-Lösung bieten. Fang lieber heute noch an, leg einfach los und erreiche die Menschen. Und denk daran: Der Markt honoriert Entschlossenheit. **Wer als Marke leidenschaftlich sichtbar ist, darf sich über große Resonanz freuen.** Ich wiederhole es so oft, bis du es wirklich verinnerlicht hast: Es ist kein Positionierungsproblem, es ist ein Sichtbarkeitsproblem. Aber das ist lösbar. Und dann hast du die Möglichkeit, Honorare zu erzielen, von denen du bislang nicht einmal zu träumen wagtest.

Hack 10 Wir verlieren die zufriedenen Kunden zuerst

Wie reagieren Unternehmen auf radikale Veränderungen? Viele messen ihnen keine Bedeutung bei. Die Margen sind (noch) klein und somit wird im Regelfall nicht in disruptive Technologien investiert. Noch dazu fehlt ihnen oft die optimale Leistungsfähigkeit. Als kundenorientiertes Unternehmen bietet man in der Regel keine Produkte oder Dienstleistungen an, die der Kunde nicht nachfragt. Das Problem dabei: Klassische Leistungen werden vom Durchschnittskunden leicht erkannt, verstanden und in der Folge nachgefragt. Wahre Innovationen, disruptive Technologien und deren Nutzen werden dagegen nicht sofort erkannt. Demzufolge werden sie auch nicht nachgefragt – insbesondere, weil die Innovationen und disruptiven Technologien die Erwartungen anfangs qualitativ meist nicht erfüllen.

Und jetzt kommt das Paradoxe: Dennoch werden gerade die überaus zufriedenen Kunden die Ersten sein, die wechseln. Warum? Einerseits gibt es den unzufriedenen Kunden, der immer mehr Leistung fordert. Doch andererseits gibt es auch den »überzufriedenen« Kunden, für den die aktuelle Leistung bereits mehr als ausreichend ist. Deshalb interessiert er sich auch nicht für eine weitere geringfügige Leistungs- oder Qualitätssteigerung. Das ist irrelevant für ihn. Genau deshalb wird er früher oder später versuchen, an einem anderen Hebel zu drehen: dem Preis. Oder er wird mit der schlechteren Leistung, die ein bisher unbekanntes Bedürfnis anspricht, zufrieden sein. Denk an den Digitalfotografen, der lieber schnell verpixelte Bilder haben wollte als superscharfe Schnappschüsse mit den analogen Kameras.

> Schau bei der Einrichtung deines Frames und der Entscheidung über mögliche Produkte und Dienstleistungen nicht nur auf die Märkte, die du in- und auswendig kennst. **Achte auch auf die Märkte, die du nicht kennst.** Lass dich inspirieren, eigene disruptive Ideen zu entwickeln. Halt die Augen offen – und deinen kreativen Geist ebenso!
>
> Und: Achte nicht so sehr auf Kundenzufriedenheitsstudien oder andere Umfragen. Sieh lieber genau hin, wenn dir jemand ein schlechtes Produkt in Relation teuer anbietet. Da könnte was dran sein …

➲ How to: Wie du deinen Frame präzisierst

Zieh deiner Positionierung einen Mantel über

Wie schon gesagt: Die meisten Menschen glauben, dass sie sich, um einen Rahmen, eine Positionierung zu finden, eindeutig festlegen müssen. Und eine Entscheidung für eine Sache ist logischerweise immer die Entscheidung gegen alle anderen. So viele Menschen kommen zu mir und sagen: »Ich habe so viele Ideen!« Sie sind verzweifelt, weil eine gängige – wenn auch falsche Lehre – uns immer wieder einbläuen will, dass man ein Alleinstellungsmerkmal, eine Besonderheit haben muss. Also fühlen sich viele verpflichtet, eben diese Entscheidung für eine Sache und damit gleichzeitig gegen alle anderen zu fällen. Das halte ich für gefährlich. Denn mit dieser Entschlossenheit wählen wir viele Ideen und Ambitionen, die wir in unserem Herzen tragen, nicht nur ab. Wir töten sie geradezu! Ich muss dir nicht erklären, dass einen das sehr unglücklich machen kann. Wer will schon gerne seine eigenen Ideen umbringen?

Nehmen wir an, dass du den Menschen mehr Mut, mehr Leichtigkeit, mehr Selbstbewusstsein und mehr Lebensfreude mitgeben willst. Dann hast du schon vier Themen oder Bereiche, zwischen denen du dich – rein theoretisch – entscheiden müsstest. Und die meisten entscheiden sich dafür, sich als Mut-Coach, als Leichtigkeits-Coach, als Experte für Selbstbewusstsein oder für Lebensfreude zu positionieren. Egal welche Entscheidung sie treffen: Sie wählen drei Dinge ab, um sich für eine einzige Sache zu entscheiden. Dabei gehören alle Dinge im Grunde zusammen. Und nicht nur das, sie bedingen sich zum Teil sogar gegenseitig.

Wir sollten nicht einfach Dinge streichen, nur weil uns irgendjemand glauben gemacht hat, dass wir dies tun müssen (das können übrigens auch wir selbst gewesen sein). Es ist viel sinnvoller, diese Facetten zu behalten und einen Mantel zu finden, unter den alle diese Begriffe oder zumindest ein Großteil davon passen. Diese Art der Positionierung nenne ich »Mantelpositionierung«. Lass mich das an ein paar konkreten Beispielen deutlich machen:

B Eine Teilnehmerin war sich nicht sicher, wofür sie als Expertin stehen sollte. Sie wollte nicht zwischen Entscheidungsfindung, Kompetenzentwicklung und Wachstum oder einfach Erfolg wählen. Dabei gibt es viele Möglichkeiten, sich allen drei Themen zu widmen, ohne eines streichen zu müssen. Damals riet ich ihr, entweder einen Dreiklang wie zum Beispiel »Entscheidung. Wachstum. Erfolg« zu verwenden oder sich unter dem Überbegriff »Persönlichkeitsentwicklung« zu positionieren.

Es ist auch möglich, einen Titel als Begriff zu verwenden. Meine Frau zum Beispiel ist europaweit eine gefragte Expertin in den Bereichen Spiritualität, Heilung, Systemisches Aufstellen sowie Inspiration in mitreißenden Vorträgen. All das ist manchmal nicht nur zu viel des Guten, mit diesen Begriffen wird man – oft zu Unrecht – in eine esoterische Ecke gestellt. Da dies nur einige der vielen Werkzeuge sind, die meine Frau nutzt, um Menschen aus den Sackgassen des Lebens wieder zurück auf die Erfolgsspur zu führen, hat sie den Titel »Gib dich ganz!« als Überschrift für ihr Tun und ihre Veranstaltungen gewählt, was ihr seither große Erfolge und ausgebuchte Terminkalender beschert.

Die Lösung für das Bauchladen-Problem ist die Mantelpositionierung. Das bedeutet, du kreierst einen Rahmen, der zum heutigen Stand so groß ist, dass all deine Bereiche darin Platz haben. **Anstatt Themen aus deinem Portfolio zu streichen und damit deine Kompetenz in Teilen sogar zu verleugnen, ist es wesentlich sinnvoller, die Positionierung breiter und damit allgemeingültiger zu machen.** Klopfe deine Möglichkeiten ab: Gibt es einen Oberbegriff, unter dem sich alle oder zumindest viele deiner Themen subsumieren lassen? Gibt es einen Titel, der möglicherweise nicht für alle, aber dennoch für viele deiner Themen einen guten Rahmen bietet?

Verfeinere deinen Frame mit einer packenden Story und starken Botschaften

Ein Wein ist nicht mehr als Rebensaft, in Flaschen gefüllt. Aber die Geschichte der Abfüllung, die Geschichte des Weinbauers, die Geschichte des Jahrgangs, die Geschichte der Weinlese – all das kann einen Wein unabhängig vom Geschmack begehrlicher machen. Und das ist nicht nur bei Wein der Fall. Das gilt für so ziemlich alles.

Denk immer daran: Menschen, die eine Geschichte zu erzählen haben, wird zugehört. Storys sind der Schlüssel in die Herzen der Menschen und zum wirtschaftlichen Erfolg. Sobald um die Story und die Botschaft ein entsprechender Rahmen gesetzt wurde, wirst du deswegen anders oder besser wahrgenommen – und dafür auch entsprechend honoriert.

> Wie lautet deine Story? Was sind deine Botschaften? Was willst du erreichen, was willst du kommunizieren, wofür willst du bekannt sein? Mach dir darüber in Ruhe Gedanken und Notizen. Probier gerne auch verschiedene Erzählweisen aus; nimm verschiedene Perspektiven ein. Identifiziere dazu Schlüsselmomente, wiederkehrende Elemente und arbeite das heraus, was dich einzigartig, bemerkenswert und wertvoll macht.
>
> **Was auch immer du tust, die Menschen fragen dich täglich, wer du bist und was du machst.** Wenn du täglich auf Social Media postest, dann hast du täglich Überschriften, die du formulieren kannst, und Storys, die du erzählen darfst.

Nutze für die Monetarisierung auch mal einen untypischen Rahmen: Beim Honorar oder bei der Art der Vergütung gibt es viele Möglichkeiten, den Rahmen anders zu setzen und nicht ständig über den Preis diskutieren zu müssen. Man kann durchaus über andere Kanäle solide Einnahmen generieren, wenn man es clever anstellt.

B Der Clou mit der Box

Einer meiner Coachees trat in Schulen als Gedächtnistrainer auf, doch das Honorar war kaum erwähnenswert. Er war verzweifelt, weil er über 200 Vorträge im Jahr hielt, aber alle mehr oder weniger pro bono gegen Reisekosten. So verdiente er als Selbstständiger weniger als ein durchschnittlicher Arbeitnehmer an der Supermarktkasse. Gleichzeitig waren seine Vorträge durch seine Routine großartig geworden und er hatte eine begeisterte Zuhörerschaft – echte Fans. Die Veranstaltungen erstreckten sich mittlerweile auf einen Vortrag vormittags für die Schüler und einen nachmittags oder abends für die Eltern.

Der Clou, der eine lukrative Veränderung brachte, war simpel, aber effektiv: Er bot eine Box an, in der man all die Tools, um sein Gedächtnis zu trainieren, für 190 Euro kaufen konnte. Darin enthalten waren Checklisten, DVDs, Downloads – einfach alles, was man für ein gutes Gedächtnistraining braucht. Da seine Vorträge für Begeisterung sorgten und die Eltern ihre Kinder beim Lernen unterstützen wollten, wurde die Box zum Erfolgsschlager. Schon bald bescherte sie ihm Umsätze in Millionenhöhe – und das alles begann in der Schule!

Boxen sind im B-to-C-Bereich längst etabliert: Es gibt Beauty-Boxen, Boxen mit Lebensmitteln und Genuss, aber noch ganz wenige Wissensboxen. Letztere können übrigens auch im B-to-B-Bereich sinnvoll sein – etwa zum Thema Digitalisierung oder Unternehmenserfolg. **Begeisterte Zuhörer sind Fans und damit Menschen, die gerne etwas zum Weitermachen, zum Lernen oder als Andenken kaufen.** Es ist dein Wissen, deine Expertise, aber diesmal in einem anderen Rahmen präsentiert, etwa als Ergänzung zu deinem Live-Auftritt.

So eine Box kann in jeder Branche mit jeder Expertise zum Türöffner werden. Auf diese Weise müssen im Vorfeld keine hohen Honorare oder Tagessätze ausgehandelt werden. Denn all das kann über die Boxen kompensiert werden. Solche Boxen haben – entsprechend bestückt und gestaltet – einen hohen Wert für die Kunden. Denn hier wird ihnen wertvolles Wissen vermittelt. Dagegen sind die einmaligen

Produktions- und Herstellungskosten eher gering. Genau das macht die Boxen so interessant!

B Zwischen zwei Buchdeckeln

Ich habe jahrelang als Autor Geld verdient, indem ich Bücher geschrieben und von den Verlagen eine Garantiesumme als Vorschuss und ein Autorenhonorar ausbezahlt bekomme habe. Das war für mich der typische, um nicht zu sagen der einzige Weg, um mit Büchern Geld zu verdienen. Bis ich diesen Rahmen einer Prüfung unterzog und bemerkte, dass das Buch selbst eine Vermarktungsmöglichkeit darstellte. So kam ich auf die Idee, die letzten Seiten meiner Bücher als Anzeigenplatz an komplementäre Dienstleister zu verkaufen. Doch damit nicht genug: Ich überlegte, welche weißen Flecken es in Büchern noch gab, die ich vermarkten konnte. So verrückt das klingen mag: Der einzige vollkommen unbedruckte Platz in einem Buch ist in der Regel die Innenseite des Schutzumschlags. Diese Seite bot ich einmal knapp 100 Menschen an, die ich dann als »Bookeuphorics« bezeichnete und ihre Porträtbilder und Namen dort abdruckte.

> Wie viele Interviewpartner findest du? Wie viele von ihnen würden dir Bücher für Mitarbeiter oder Kunden abkaufen? Wie viele Partner findest du, die einen Beitrag in deinem Buch veröffentlichen wollen und gegebenenfalls etwas dafür bezahlen würden? Wie viele würden in deinem Buch eine Anzeige schalten? Wie viele würden das Buch vor Erscheinen zum Subskriptionspreis kaufen? Welche Protagonisten aus deiner Branche würden das Buch durch ein Vorwort aufwerten? (Achtung! Damit meine ich nicht nur den Inhalt des Vorworts, sondern vor allem die Außenwirkung durch den Namen oder die Funktion des Verfassers.)

Gönn dir ein First-Class-Mindset – das hast du verdient

Viele Menschen stecken, weil sie so erzogen und sozialisiert worden sind, in einem Mindset fest, das eine Weiterentwicklung einschränkt oder sogar ausbremst. Bei einer Veranstaltung erzählte ich in einer kleinen Runde einmal davon, dass ich insbesondere bei Fernreisen gerne in der First Class flog, da dort die Möglichkeit bestünde, in einem eigenen Bettchen mit zwei Metern Länge richtig zu schlafen und ausgeruht am Zielort anzukommen. Und ich erklärte, wie es für jeden durch geschicktes Punkte- und Meilensammeln möglich sei, recht günstig First Class zu verreisen. Also war das finanzielle Thema schnell vom Tisch. Doch später kam einer der Teilnehmer auf mich zu und stellte mir die Frage: »Aber ... wollen die mich dort überhaupt haben?«

Im ersten Moment verstand ich die Frage überhaupt nicht. Dann fiel bei mir der Groschen: Er hatte Angst, dass die anderen Gäste in der First Class ihn dort gar nicht haben wollten, dass er nicht in dieses Umfeld passte, einfach nicht dazugehörte, weil er nicht reich genug, nicht extravagant genug oder was auch immer nicht genug war. Das zeigte mir einmal mehr, wie unterschiedlich unsere Mindsets sein können. Ich hatte mir beim Betreten der First Class noch nie die Frage gestellt, ob die *anderen* mich dort haben wollten. Ich hätte mir höchstens scherzhaft die Frage gestellt, ob *ich* die anderen dort haben wollte. Da ich meinen Platz bezahlt hatte, zu welchen Konditionen auch immer, war es logischerweise mein Platz und meine Anwesenheit dort war okay. Punkt. Aus. Ende. Basta! Und nur mal nebenbei bemerkt: Die First Class ist kein Heiratsinstitut, sondern schlichtweg ein Beförderungsmittel. Man muss dort niemandem gefallen.

Nur weil es in diesem Kapitel darum geht,
deinen Frame zu verkleinern, heißt das noch lange nicht,
dass du dich selbst kleiner machen sollst, als du in Wirklichkeit bist.
Im Gegenteil! Ja, du bist vielleicht nicht perfekt –
wer ist das schon? Aber du hast auf jeden Fall
jede Menge auf dem Kasten und im Oberstübchen.

*****

Mach dir bewusst, wer du bist, was du kannst, was in dir steckt, was du heute schon leistest und welches Potenzial noch komplett unberührt ist – und bau darauf auf.
Schreib dir das gerne mal auf
und mach dich so für dich selbst sichtbar!

*****

Scher dich nicht länger darum,
was andere vielleicht besser können als du.
Grüble nicht, ob sie besser irgendwohin passen als du.
Und mach dir keine Gedanken,
ob du das alles überhaupt »verdient« hast.
Arbeite stattdessen an deinem Selbstwertgefühl,
an deinem Mindset, deinen Visionen.

*****

Schau hoch erhobenen Hauptes nach vorn.
Sei mutig und gestalte dein bestes Leben
aus eigener Kraft in einem flexiblen Frame,
der maßgeschneidert zu dir passt.

Wenn man trotz aller Anstrengungen nicht gesehen wird.

3. Frame-Inszenierung: Aus dem Rahmen fallen

Das Unsichtbarkeitsproblem: Wenn man trotz aller Anstrengungen nicht gesehen wird

B

Der Coach eines Weltklasse-Sportlers wollte gerne auf die Bühne gehen und seinen Zuhörern praxiserprobte Erfolgsprinzipien mit auf den Weg geben. (Beide Namen erwähne ich hier aus Diskretionsgründen nicht. Nur so viel: Der Athlet war über viele Jahre in seiner Sportart an der Spitze der Weltrangliste.) Das Problem: Der Coach war es nicht gewöhnt, im Rampenlicht zu stehen und seine Botschaft vor einem großen Publikum zu präsentieren. Sichtbar waren bisher nur seine Athleten und deren Erfolge. Er war immer der Unsichtbare – der Mann im Hintergrund. Was also tun? Wir entwickelten ein Drehbuch für seinen Einstieg auf der Bühne. Dieses Drehbuch ermöglichte es ihm, in einem Rahmen aufzutreten, der ihm die Sorgen nahm und seine Zweifel zerstreute. Es schuf einen Frame, in dem der Coach sich wohlfühlte und souverän seine Botschaft kommunizieren konnte:

> Es ist dunkel im Saal. Stockdunkel. Der Coach geht auf die Bühne. Es ist immer noch dunkel. Im Saal ist nichts zu sehen. Nur seine Stimme ist aus dem Dunkeln, aus dem Off zu hören:
>
> *Sie sehen mich nicht. Sie sehen mich nie.*

Sie sehen nur meine Wirkung – ohne zu wissen, dass ich einen Beitrag dazu leiste.
Sie sehen Ergebnisse und Erfolge – ohne zu wissen, dass ich einen Beitrag dazu leiste.
Ich bin Coach für Sportler, Executives, Leistungsträger, für Weltranglisteneroberer, Weltranglistensportler und die Weltelite.
Sie sehen mich nie. Ich bin immer im Hintergrund.
Was Sie sehen, sind die Erfolge meiner Coachees, Klienten und Kunden. Aktuell sehen Sie meine Arbeit für die Nummer eins auf der Weltrangliste – hinter dieser Zahl steht der Name meines Athleten, meines Coachees. Auch hier sehen sie meinen Namen nicht.
Sie sehen mich nie. Sie hören mich nie.
Die meisten wissen noch nicht einmal, dass ich existiere. Oder dass eine solche Art der Arbeit existiert, dass Coaches ihre Coachees an die Weltspitze begleiten. So wie es gute Ghostwriter für ein Buch gibt, so bin ich der Ghost für sportliche Erfolge. Es sind klare Prinzipien, Muster und Strategien, die hinter diesen Weltklasseerfolgen stehen. Auch diese Prinzipien bleiben den meisten verborgen.
Heute bringe ich Licht ins Dunkel. Heute sehen Sie mich!
Spot an!

Dieser Einstieg dauerte nur 120 Sekunden. Es war eine Inszenierung, eine passende Story, die einen Rahmen aufspannte. Ja, ich wiederhole mich: **Der Frame ist entscheidend.** Nur ein kleiner Frame in dem Fall, aber einer, der über alles entscheidet: über Sieg oder Niederlage, Erfolg oder Misserfolg, Verständnis oder Unverständnis, Applaus oder Standing Ovations.

Wir leben in einer Welt, in der der Rahmen eine ähnlich große Bedeutung hat wie der Inhalt. Oft hat es sogar den Anschein, als ob der Rahmen wichtiger wäre als der Inhalt. Um es zugegebenermaßen mal wieder etwas überspitzt zu formulieren: Manchmal drängt sich die Vermutung auf, dass die Beerdigung wichtiger ist als die verstorbene

Person, die Inszenierung einer Ehe wichtiger als die Liebe zwischen zwei Menschen, das Aussehen oder die Art der Kleidung wichtiger als der Charakter oder die Seele eines Menschen.

Nicht selten scheint die sichtbare »Verpackung« wichtiger zu sein als der unsichtbare Inhalt, der wahre Wert. Mir geht es nicht darum, darüber zu urteilen, ob das grundlegend richtig oder falsch ist. Das maße ich mir nicht an. Es ist schlichtweg meine Beobachtung über viele, viele Jahre und so ticken wir Menschen eben: Das Äußere, also im weitesten Sinne die Verpackung, ist das, was wir als Erstes sehen und als Grundlage für unser Urteil heranziehen. Ob wir wollen oder nicht: Die Verpackung ist der Schlüssel dafür, dass wir uns für oder gegen den Kauf eines Produkts, die Zusammenarbeit mit einem Dienstleister oder einen Flirt nach einem Annäherungsversuch entscheiden.[12] Und wir können nur das zur Beurteilung heranziehen, was uns vom jeweiligen Anbieter zur Verfügung gestellt wird. Mit anderen Worten: Der Frame gibt den Ausschlag.

So manche Produktverpackung erkennen die meisten von uns vermutlich schon am Umriss. Wir können auf Anhieb sagen, welches Produkt sich dahinter verbirgt. Die Form – der Frame – ist uns einfach vertraut. Da ist schlicht und ergreifend gutes Marketing am Werk, das durch ein gelungenes Produktdesign einen hohen Wiedererkennungswert geschaffen hat.[13] Auch dieses Buch hat der GABAL Verlag zielgruppenorientiert verpackt. Er hat es mit einem Cover, einem Titel, meinem Namen und meinem Bild versehen. Damit hat der Verlag einen Rahmen geschaffen, der – so die Hoffnung – den Verkaufserfolg nicht nur verspricht, sondern im besten Fall gewährleistet. Die Entscheidung

> Viele schlaue Menschen aus verschiedenen Fachbereichen beschäftigen sich damit, ob Waren oder Dienstleistungen, die hochwertiger präsentiert werden, sich auch schneller, besser und hochpreisiger verkaufen lassen.[14] Und jetzt mal Hand aufs Herz: Wir lieben die Inszenierung größtenteils ja auch. Genau deshalb geht es in diesem Buch und bei meiner Arbeit vorrangig darum, einen passenden Frame um Personen und deren Angebote zu legen, sodass sie damit in Zukunft erfolgreich(er) werden. Auch du!

darüber, wie das Buchcover aussehen soll, hängt von einer zentralen Frage ab. Sie lautet: Was könnte ein »Eye-Catcher«, ein Hingucker sein, der Aufmerksamkeit erregt und – du ahnst es bereits – letzten Endes Sichtbarkeit schafft. Das ist der springende Punkt.

Meine Hacks: Strategien, Irrtümer und Chancen der Frame-Inszenierung

Hack 11 Niemand muss die großen Bühnen rocken

Es ist eins der Hauptprobleme der Bühnen- und Sichtbarkeitsarbeit: Die Leute glauben, sie müssten »die Bühne rocken«. Und das können oder wollen sie nicht. Viele sagen mir, dass sie gar kein Redner werden wollen. Kann ich gut nachvollziehen und es ist ja auch kein Muss. Es gibt so viele andere Bühnen, um Botschaften zu senden.

Klar, es gibt Menschen, denen liegt das. Diese Menschen sind gewissermaßen mit einer kleinen mobilen Bühne auf die Welt gekommen. Sie sind eher extrovertiert und genießen es, im Mittelpunkt der Aufmerksamkeit zu sein. Am liebsten würden sie immer und überall im Rampenlicht stehen. Allerdings sind das eher Ausnahmen. Aber was machen all die anderen? Was können die Leute tun, deren Botschaft wichtig ist, deren Stärken aber in ganz anderen Bereichen liegen? Viele hängen das Thema Sichtbarkeit vorschnell an den Nagel. Ich mag mir gar nicht vorstellen, wie viele Menschen daran scheitern, dass sie zwar etwas Wichtiges zu sagen hätten, aber ihre Botschaft nicht richtig zum Ausdruck bringen und im passenden Frame präsentieren und inszenieren können. Damit haben wir nämlich auf einen Schlag drei Verlierer:

1. Die Person selbst, die eine vermeintliche Sackgasse in ihrem Leben erreicht hat.

2. Die wertvolle Botschaft, die nicht gehört wird.

3. Die vielen Menschen, die ohne diese wichtige Botschaft leben müssen, obwohl sie ihr Leben womöglich umgekrempelt oder maßgeblich verbessert hätte.

Der unsichtbare Coach wäre wahrscheinlich so ein Fall gewesen. Nicht auszudenken, wenn sein Wissen seine Empfänger nicht gefunden hätte! Zum Glück konnten wir das verhindern. Das, was ich mit meinem Team tue, ist immer auch Bühnenarbeit. Wir platzieren Menschen auf den Bühnen. Und mit »Bühne« ist wesentlich mehr gemeint als das, was wir im klassischen Sinn darunter verstehen. Das kann natürlich eine echte Bühne sein, aber auch jede Art von Veröffentlichung, Manifestierung oder Dokumentation einer Botschaft: Ein bedrucktes Blatt Papier ist eine Bühne – jeder Artikel, den du schreibst, jede Veröffentlichung, jedes Buch. Social Media ist ebenfalls eine Bühne, wenn auch eine digitale. Jedes Posting, jedes Video, jeder Beitrag, jedes Gespräch, das du moderierst. Jeder Podcast, jede Fernseh- oder Radiosendung … Muss ich wirklich noch weitere Beispiele aufzählen? Ich denke, der Groschen ist längst gefallen. **Die ganze Welt ist eine Bühne! Jeden Tag, wenn du aufstehst, betrittst du die Bühnen deines Lebens.** Sie sind mal größer, mal kleiner. Aber du kannst in vielerlei Hinsicht sichtbar(er) werden.

> Die gute Nachricht: Du kannst – mit welcher Arbeit, mit welchem Angebot auch immer – für dich einen Frame setzen, der dich sichtbar(er) macht. Noch besser: Dazu musst du gar nicht auf der Bühne stehen und Vorträge halten. (Ich höre förmlich, wie so mancher an dieser Stelle erleichtert aufatmet.) Dein Sichtbarkeits-Frame kann genauso gut der Start einer Anzeigenkampagne sein, der Launch einer Website, der Beginn eines Verkaufsgesprächs oder der Anfang einer Verhandlung.
>
> Welche Bühnen kommen für dich infrage? Wie inszenierst du dich innerhalb deines Frames schon heute? Kannst du das verbessern oder neue Bühnen erobern? Welche anderen Kanäle könntest du nutzen, um sichtbar(er) zu werden? Was würde dir Spaß machen? Was möchtest du mal ausprobieren? Welche Storys gibt es, die du gewinnbringend nutzen und für deine Sichtbarkeit einsetzen könntest? Kurzum: **Wie kannst du Aufmerksamkeit und Interesse wecken und aus dem Dunkel ins Licht treten?**

Hack 12 Es kommt auf den richtigen Wurm an

Bist du bereit, dich zu prostituieren? Zugegeben, diese Frage ist recht heftig. Doch sie ist maßgeblich für deinen Erfolg. Lass mich aber bitte vorab klarstellen, dass das nicht dasselbe ist wie sexuelle Prostitution. Hier geht es darum, dass du dich »prostituierst«, wenn du dich in den Dienst eines niedrigen Zwecks stellst. So respektlos das auch klingen mag: Es ist in keiner Weise so gemeint. Worauf ich dich mit dieser provokanten Einstiegsfrage stoßen will, bringt der folgende alte Spruch sehr gut zum Ausdruck: **Der Köder (oder der Wurm) muss dem Fisch schmecken und nicht dem Angler!**

Warum das so wichtig ist? Das *Eigeninteresse* ist ein dominantes Motiv menschlichen Handelns. Ob es sogar *das* dominante Motiv menschlichen Handelns ist – darüber streiten sich etliche Wissenschaftler, Philosophen und Gelehrte unserer liberalen Welt. Sicher ist: Bevor wir die Welt retten wollen, wollen wir zunächst unser eigenes Überleben sichern.

Bestimmt kennst du die folgende typische Sicherheitsanweisung, die wir in Flugzeugen regelmäßig zu hören bekommen: »Im Falle eines Druckverlusts fallen Sauerstoffmasken von der Kabinendecke herunter. Bitte legen Sie zuerst Ihre Sauerstoffmaske an und helfen Sie dann Mitreisenden und Kindern beim Anlegen der Maske.« Die Betonung liegt klar darauf, zunächst sich selbst die Sauerstoffmaske anzulegen und erst danach anderen zu helfen. Das mag zunächst unmoralisch klingen. Ist es aber nicht. Logischerweise können wir anderen nur helfen, wenn wir vorher nicht schon längst erstickt sind.

Unser Eigeninteresse im Business ist überwiegend wirtschaftlicher Natur und per se nicht verwerflich: Wir wollen mindestens kostendeckend arbeiten und am liebsten so viel mit unserem Unternehmen verdienen, dass es für ein erfülltes Leben reicht – wie auch immer wir das im Einzelfall definieren. Und: Solange wir unseren Kunden nicht geholfen haben, auch ihr Eigeninteresse zu stillen, sind wir selten in der Lage, die Welt zu retten. Dieses Eigeninteresse ist übrigens nicht auf einzelne Personen beschränkt. Im Gegenteil: Gerade Unternehmen sind Shareholdern und Stakeholdern verpflichtet. Nehmen wir ein Beispiel, das derzeit recht populär ist:

Coachings oder Vorträge mit der Zielsetzung, seine Lebensträume zu erfüllen. Viele Trainer und Berater bieten diese Dienstleistung auch Firmen an – in der Hoffnung, damit einer Vielzahl von Mitarbeitern zu helfen, ihre Lebensträume zu erfüllen. Zielgruppenspezifisch passt das doch perfekt, oder? Aber Moment mal … Wer genau ist hier eigentlich die Zielgruppe? Sind das nun die Mitarbeiter des Unternehmens, die ihren Lebenstraum noch nicht verwirklicht haben? Oder ist es eher die Person, die das Angebot bucht und am Schluss die Rechnung bezahlt, also der Unternehmensinhaber, CEO oder Vorstand?

Tja, in diesem Fall muss der Wurm wohl nicht der Belegschaft schmecken, die an einer Veranstaltung teilnimmt. Er muss demjenigen schmecken, der den Auftrag zu vergeben und die Rechnung zu begleichen hat. Vielleicht ist das Thema Lebensträume vor diesem Hintergrund dann eher unangebracht. Abgesehen davon, dass ein solcher Vortrag vermutlich wenig bewegen würde. Das ist übrigens ganz normal: Die wenigsten Vorträge sind dazu da, wirklich etwas zu verändern. Darauf solltest du dich einstellen, wenn du in dieser Branche Fuß fassen willst. Doch bei diesem Thema wäre es besonders eklatant. Seit 2001 untersucht Gallup im »Engagement-Index« die entscheidenden Faktoren für Mitarbeiterbindung und -motivation. Die Ergebnisse sind Jahr für Jahr mehr oder weniger gleich niederschmetternd: Ein Großteil der Menschen liebt seine Arbeit nicht. Menschen lieben Sicherheit. Und das, obwohl uns allen längst bewusst ist, dass es die Sicherheit, die wir uns so sehr wünschen, gar nicht gibt. Dennoch sind wir bereit, unsere Lebensträume dafür aufzugeben. Kevin O'Leary, ein kanadischer Unternehmer, meinte einmal: »Gehalt ist die Droge, die sie dir geben, wenn sie wollen, dass du deine Träume vergisst.«

Unabhängig davon, dass dein Input bei einem Großteil der Teilnehmer bei so einem Coaching wirkungslos wäre, kommt jetzt der entscheidende Punkt: Die meisten Unternehmer würden das nie buchen. Wenn ich sage, wir müssen uns manchmal prostituieren, indem wir unseren Dienst für einen niedrigeren Zweck einsetzen, dann ist dieser Zweck eben nicht die Rettung der Welt oder der Lebensträume aller Menschen, sondern in diesem Fall die Rettung der Motivation im Unternehmen.

Zugegeben, ich bin recht desillusioniert, was die Bereitschaft der Menschen angeht, ihr Leben zu ändern. Ich habe über 3000 Vorträge in nahezu 3000 Unternehmen gehalten. Lange habe ich geglaubt, dass der Mensch dabei im Mittelpunkt steht. Doch das tut er nicht. Sein Job ist es, den Zwecken des Unternehmens zu dienen. Man könnte also durchaus behaupten, dass sich die meisten Mitarbeiter prostituiert haben und die Tätigkeit, die sie ausüben, häufig niedrigeren Zwecken dient. Es geht um die Zwecke des Unternehmens und den Zweck der vermeintlichen Sicherheit, aber nicht um ihre eigenen Zwecke.

Doch die Welt ist im Wandel und so einige Unternehmen folgen mittlerweile der Ansicht Viktor Frankls: »Wer Leistung will, muss Sinn bieten.« Die Philosophen, die Moral und Ethos untersuchen, sind sich ebenfalls einig: Wandel entsteht nicht, um dem Einzelnen zu helfen, sondern weil es dadurch leichter ist, Menschen für die Unternehmensziele zu motivieren. Viele Philosophen glauben nicht mehr daran, dass Menschen und Unternehmen menschlicher werden, nur weil wir an deren Moral und Ethik appellieren. **Menschen werden in der Regel menschlicher, weil sie dadurch mittelbar oder unmittelbar ihr Eigeninteresse befriedigen können.** Das mag zwar nicht so edel sein, aber im Ergebnis ist es das Gewünschte.

Wenn du derzeit (noch) nicht die »richtigen« Interessenten und potenziellen Kunden anziehst, schau dir genau an, welche Köder du auswirfst. Ist das, was du anbietest, wirklich das, was deine Kunden wollen? Oder bietest du etwas an, von dem du **glaubst**, dass deine Kunden es haben wollen, von dem du **glaubst**, dass es für deine Kunden gut wäre, von dem du **glaubst**, dass es für die Welt gut wäre?

Ich kenne so viele Leute, die wollen die Welt ein Stückchen besser machen, gleich die ganze Welt retten, die Menschheit bekehren oder ihr gar die Erleuchtung bringen. Irgendwie wollen und werden wir letzten Endes alle die Welt ein bisschen besser machen, das hoffe ich zumindest. Aber ich wiederhole: Der Wurm muss dem Fisch schmecken und nicht dem Angler. Auch das bestimmt den Rahmen, in dem du dich inszenierst.

Hack 13 Alles steht und fällt mit Vertrauen

Marken schaffen Vertrauen: Vertrauen, dass es funktioniert, dass wir das bekommen, was wir erwarten, gewissermaßen eine Garantie. Vertrauen ist der Rohstoff, aus dem Münzen geprägt und Banknoten gedruckt werden. Damit ist Geld im doppelten Sinne ein Vertrauensbeweis. Zum einen, weil Kunden uns ihr Geld anvertrauen, und damit uns und unserem Versprechen vertrauen. Und zum anderen ist Geld eine intersubjektive Wirklichkeit. Papiergeld hat den Wert von null und Münzgeld hat längst nicht den Wert, der auf die Münze geprägt ist. Dennoch ist Geld ein Zahlungsmittel, mit dem wir Dinge kaufen können, die einen wesentlichen höheren Wert haben als der Geldschein oder das Geldstück an sich. **Wir sind bereit, Geld als Zahlungsmittel zu akzeptieren, weil wir das Vertrauen haben, dass wir diesen wertlosen Geldschein an anderer Stelle problemlos gegen ein wertvolles Produkt eintauschen können.**

Meistens wächst unser Vertrauen in unser Gegenüber erst, wenn der Vertrag bereits unterschrieben und das Produkt oder die Dienstleistung gekauft ist. Ob ein Malermeister gut arbeitet, siehst du in der Regel erst, wenn er deine Hütte gestrichen hat. Und dann ist es schon zu spät. Die meisten Menschen können die wahre Qualität eines Angebots erst beurteilen, *nachdem* sie es genutzt haben. Marken schaffen aber schon vorher Vertrauen. Besser gesagt: einen Vertrauensvorschuss. Das versucht auch der unsichtbare Coach in den ersten 120 Sekunden auf der Bühne – kurz vor Erbringung seiner Dienstleistung, dem eigentlichen Vortrag. Aber reicht das? Für diejenigen, die vor Ort sind, scheint das in Ordnung zu sein. Aber was ist mit all denen, die nicht gekommen sind, weil sie dem Vortragsredner die versprochene Leistung nicht zugetraut haben? Weil sie kein Vertrauen in ihn hatten? Diese Menschen konnte er nicht für sich gewinnen. Manche hat er vermutlich für immer verloren. Ein Jammer, denn das muss gar nicht sein!

Viele meiner Kollegen beklagen sich, dass es ihnen schwerer als früher fällt, ihre hochpreisigen Veranstaltungen an Neukunden zu verkaufen. Eigentlich logisch. Warum sollte man in diesen wilden Zeiten sein hart verdientes Geld bei Menschen investieren, die man kaum kennt und noch nie in Aktion erlebt hat? Wie kann man das ändern? Die Größen meiner Branche ergreifen gerne die Gelegenheit, günstige Kennenlern-Veranstaltungen durchzuführen. »Affenfaust« werden diese Veranstaltungen genannt. Die Affenfaust ist ein Knoten, der in der Schifffahrt zum Beschweren des Endes einer Wurfleine dient. Damit kann ein kleines Seil ausgeworfen werden. Dieses dient dazu, ein größeres Seil an Land oder an Bord zu ziehen. Übersetzt in die Sprache unserer Branche heißt das: Man führt eine kleine, günstige Veranstaltung durch, um sichtbar zu werden, bei den Teilnehmern Vertrauen aufzubauen und größere, lukrativere Angebote zu offerieren und hoffentlich auch zu verkaufen.

Meine erste Kennenlern-Veranstaltung fand in Berlin statt – mit insgesamt 29 Teilnehmern. Um Kosten zu sparen, bestand mein gesamtes Team aus einer einzigen Person: mir. Ich mietete für vier Stunden einen Raum in einem Hotel, unterhielt die Menschen einige Stunden und bot dann meine Dienstleistung an. Knapp 20 Prozent der Anwesenden buchten mein Folgeangebot für gut 3000 Euro, was mir einen Umsatz von etwa 15 000 Euro bescherte. Das ist jetzt etwa fünf Jahre her – und es dauerte ungefähr vier Jahre, bis ich von 29 Teilnehmern auf gut 20 000 Teilnehmer im Jahr skalieren konnte. In meinen Augen eine kurze Zeit, weil meine Seele manchmal langsamer wächst als der Markt.

Wir dürfen nie die Geduld verlieren. Das wusste schon Vincent Van Gogh: »Ich kann nichts an der Tatsache ändern, dass sich meine Gemälde nicht verkaufen lassen. Aber die Zeit wird kommen, in der die Leute erkennen, dass sie mehr wert sind als die Farben, mit denen sie gemalt sind.« Aber frage dich dennoch:

- Hast du **wirklich** alles getan, um dich und deine Dienstleistung zu zeigen?
- Hast du **wirklich**, **wirklich** alles getan, um dich und deine Dienstleistung zu zeigen?
- Hast du **wirklich**, **wirklich**, **wirklich** alles getan, um dich und deine Dienstleistung zu zeigen?

Ich stelle dir diese Frage drei Mal, weil ich sicher bin, dass jeder sie mit Nein beantworten muss. **Kein Mensch kann wirklich, wirklich, wirklich alles getan haben. Es ist immer Luft nach oben.** Daher überleg dir bitte Folgendes: Was kannst du noch tun, um deine Qualität zu zeigen? Welche Zielgruppe sollte noch von dir und deinem Angebot wissen? Hast du dich und deine Leistungen mit nutzvollen Aussagen versehen? Bist du dir sicher, dass du den Leuten wirklich ein Angebot gemacht hast? Oder hast du bisher nur gehofft, dass sie von selbst auf die Idee kommen, bei dir zu kaufen?

Hack 14 Beurteilungen überfordern uns völlig

In vielen Bereichen sind wir selbst gar nicht in der Lage, die Qualität adäquat zu beurteilen. Daher achten wir auf das, was ich in meinem Buch *Jenseits vom Mittelmaß* »Qualitätssurrogate« nannte, und ziehen diese zur Beurteilung und Bewertung heran:

> *Stell dir vor, du musst für eine Routineoperation einen Krankenhausaufenthalt planen. Wenn du ein Kleindenker bist, gehst du in das nächstgelegene Krankenhaus in deiner Stadt. Ich persönlich würde das niemals tun. Denn diese Krankenhäuser sind in der Regel auf Notfälle ausgerichtet. Daneben gibt es viele Krankenhäuser, die auf bestimmte Dinge spezialisiert sind. Also suchst du dir eins dieser Krankenhäuser aus und scheust für deine Gesundheit selbst die Kosten einer etwas weiteren Anreise nicht. Aber was tust du, wenn du mehrere Häuser hast, die in die engere Wahl kommen? Du vergleichst natürlich die Krankenhäuser und deren Angebote. Doch leider bist du in der Regel nicht Fachmann genug, um wirklich beurteilen zu können, welches Krankenhaus das beste für dich ist. Hier kommen die Qualitätssurrogate ins Spiel. So irrational das auch klingen mag: Wir glauben, dass sie eine Messgröße für die Qualität sind. Das sind dann zum Beispiel die Patientenstimmen auf einer Webseite oder die Sterne in Bewertungsportalen, deren Wahrheitsgehalt mitunter zweifelhaft ist. Noch dazu drehen sich die Bewertungen meist um die Freundlichkeit des Personals, die Ausstattung der Zimmer oder den Geschmack des Essens. Überspitzt ausgedrückt legst du die Entscheidung für oder gegen ein Krankenhaus in die Hände des Küchenchefs. Ist das nicht verrückt?*

Aber so laufen die Dinge in einer Welt, die lautstark nach Vertrauensbeweisen schreit und dann irrationale oder indirekte Schlüsse zieht. Es gibt so viele Dinge, die Menschen über uns urteilen lassen, die Vertrauen aufbauen oder es im Keim ersticken. Je weniger Möglichkeiten dem Kunden in seiner Wahrnehmung als Entscheidungsmerkmale zur Verfügung stehen, desto schneller kann er zum Beispiel einen Blutfleck auf dem Kittel der Sprechstundenhilfe als negativ empfinden.

Kurzum: **Je ähnlicher und je weniger greifbar eine Leistung ist, desto eher werden sekundäre Auswahlkriterien für eine Entscheidung herangezogen.** Und das kann mitunter bizarre Formen annehmen: Kunden gehen nicht in ein Geschäft, weil es zu voll ist, und möglicherweise nicht in ein anderes, weil es zu leer ist. Sie achten auf bestimmte Auszeichnungen, Gütesiegel, Bio-Kennzeichen, eine ISO- oder TÜV-Zertifizierung. Sie schauen sich das Logo und den Claim eines Unternehmens an oder das Corporate Design. Manchmal entscheidet sogar das Erscheinungsbild der Mitarbeiter oder der Stil der Inneneinrichtung. Kunden checken den Bekanntheitsgrad, die Größe des Unternehmens ebenso wie die Anzahl der Mitarbeiter oder die Netzwerk- oder Verbandszugehörigkeiten der Firma. Sie informieren sich über das Engagement des Unternehmens in Umweltfragen oder im sozialen Bereich, achten auf das Image, auf frühere Skandale … Wie professionell ist der Außenauftritt? Wie schnell sind die Reaktionszeiten, etwa

Arbeitest du den Nutzen, den du bietest, klar heraus? Verkaufst du Hoffnung statt Produkte oder Stundenpläne? Sprichst du über Bedürfnisse anstatt über Verfahren (dazu später in diesem Kapitel mehr)? Stellst du Ist-Soll-Veränderungen dar? Zeigst du Testimonials begeisterter Kunden? Ist die Qualität, die du bietest, auch die, die sich der Kunde wünscht?

Wenn der Kunde keine signifikanten – oder scheinbar signifikanten – Unterschiede wahrnimmt und keine der erhaltenen Informationen als deutlich positiver bewertet als bei einem anderen Anbieter, wird letztlich eine Information entscheidend sein: der Preis. Außer du bist eine Marke. Eine Marke wird eben nicht nur durch die Inhalte bestimmt, sondern auch über den Rahmen, den sie nutzt.

Es heißt immer so schön, dass man selbst der Durchschnitt der fünf Menschen ist, mit denen man sich am meisten umgibt. Ob das wirklich so ist, weiß ich nicht. Definitiv ist es aber so, dass Marken sehr wohl durch ihr Umfeld wahrgenommen werden: in welcher Einkaufsstraße die Läden sind, mit welchen Preisen sie arbeiten, welche Kunden dort einkaufen, welche Influencer über sie sprechen. Du kannst dir Uhren für wenige Euros kaufen. Du kannst teurere Uhren kaufen. Du kannst dir eine Rolex kaufen, die übrigens für viele lediglich in der Mittelklasse angesiedelt ist. Oder du kaufst dir eine Patek Philippe, dann wird es wirklich teuer. Alle diese Uhren sind in anderen Straßen mit anderen Stores mit anderen Auftritten angesiedelt. **Marken tun viel dafür, dass sie so wahrgenommen werden, wie sie wahrgenommen werden wollen.** Den richtigen Frame zu finden ist also auch Markenarbeit.

bei der Beantwortung von Briefen, E-Mails oder Probelieferungen? Gibt es Wartezeiten? Wie freundlich sind die Mitarbeiter und wie ist der Service allgemein? Welche Referenzen hat das Unternehmen vorzuweisen? Hält es wichtige Patent- oder Markenrechte? Ist das Angebot verständlich? Gibt es irgendwelche Garantien? Werden Zusatzleistungen angeboten? Welche Prominenten oder Influencer nutzen und loben dieses Produkt oder diese Dienstleistung? Wer aus dem eigenen Freundes-, Verwandten- oder Bekanntenkreis nutzt die Angebote des Unternehmens? Wer kauft dort nicht und warum? Wie trendy oder hip sind das Unternehmen und seine Angebote?

Hack 15 Gänsehaut-Feeling ist besser als Zahlen

Viele Produkte werden nicht gekauft, viele Dienstleistungen nicht gebucht, weil schlichtweg zu viele Zahlen, Daten und Fakten genannt werden. Natürlich brauchen wir einige davon. Doch häufig werden Menschen regelrecht zugemüllt mit Zahlenmaterial, Statistiken und vielem mehr. Nicht umsonst gibt es den Spruch: »Fachidiot schlägt Kunde tot«.

Zahlen, Daten, Fakten oder Aufforderungen reichen nicht aus, um Menschen zu überzeugen. Das war schon immer so. Sogar im 18. Jahrhundert, als König Friedrich II. dem preußischen Volk den Anbau und Genuss der bis dahin kaum verbreiteten Kartoffel schmackhaft machen wollte.[15] Der Anlass: eine Hungersnot in Pommern. Um den Hunger zu lindern und den Anbau der Kartoffel in den preußischen Provinzen durchzusetzen, erließ der Preußenkönig ab 1756 insgesamt 15 sogenannte Kartoffelbefehle. Zudem spannte er Pastoren ein, die als »Knollenprediger« zum Anbau rieten.

Wenig Ansprüche an den Boden, nahrhaft für Mensch und Tier, verträgt Nässe besser als Getreide: Die Vorteile der Kartoffel, die König Friedrich II. gebetsmühlenartig predigte beziehungsweise predigen ließ, konnten das Volk und die Bauern allerdings nicht überzeugen. Das Motto lautete: »Was der Bauer nicht kennt, frisst er nicht!«

Das soll sich – so die Legende – geändert haben, als der König auf seinen Ländereien Kartoffeln anbauen und die Äcker von Soldaten bewachen ließ. Dieser Umstand weckte die Neugier der Bauern in der Umgebung. Sie wollten mehr darüber erfahren, was auf den Feldern vor sich ging. Man sagte ihnen, dass dort Knollenfrüchte für die königliche Tafel wuchsen und die Soldaten zum Schutz der wertvollen Tartoffeln (so nannte man sie damals noch) abgestellt waren. Und – wie sollte es anders sein – in der folgenden Nacht schlichen die Bauern klammheimlich auf die königlichen Äcker und stahlen die Kartoffelsaat. Die Wachsoldaten bemerkten nichts – auf Befehl des Königs natürlich und nicht weil sie unaufmerksam gewesen wären. So gibt es heute Kartoffeln auf den Tellern der Deutschen. Zur Erinnerung an die Kartoffelbefehle legen Besucher übrigens heute noch auf dem Grab des Königs in Sanssouci Kartoffeln nieder.[16]

Ob das wirklich alles so passiert ist, gilt nicht als gesichert.[17] Aber ich finde diese Geschichte so anschaulich, dass ich hier gerne ein Auge zudrücke. Das ist doch pures Gänsehaut-Feeling, wenn du nachts Saatkartoffeln klauen gehst! Deshalb möchte ich dir jetzt was ans Herz legen: **Reduziere bei Veranstaltungen, Vorträgen, Gesprächen und Online-Seminaren den Inhalt um bis zu 50 Prozent und ersetze ihn durch »Verständlichmacher«.** Was Verständlichmacher genau sind? Das sind Elemente wie Struktur, Übersicht, Interaktion, Spaß, Abwechslung und Unterhaltung.

Eine Marotte von mir ist es, bei kleineren Veranstaltungen in den Pausen einen Blick auf die Tagungstische zu werfen. Ich schaue dann, was da so alles rumliegt oder ob auf den Blöcken etwas notiert wurde. Schreiben die Leute seitenweise mit oder sind es nur wenige Stichpunkte? Oder kritzeln sie nur vor lauter Langeweile? Ein Tagungstisch gibt einen guten Einblick in das Wesen einer Veranstaltung, der Referenten und der Teilnehmer.

Bei einer Tagung hatte jeder Teilnehmer als kleines Geschenk eine Packung mit verschiedenfarbigen Schokolinsen bekommen. Und an einem Platz hat mich schier der Schlag getroffen: Jemand hatte die ganze Packung auf seinem Block ausgeschüttet und die Schokolinsen fein säuberlich nach Farben sortiert. Da weißt du doch sofort, wie die Veranstaltung bisher war: Weit entfernt von Gänsehaut!

Ich habe mich früher oft gefragt, warum ich für meine Vorträge so viel Geld bekomme. Meine Faustformel dazu lautet mittlerweile: **Wissen wird mit 500 Euro fakturiert, Gänsehaut mit 10 000 Euro.** Kein Wunder! Denn Wissen gibt es heutzutage bei Wikipedia, YouTube und anderswo im Internet kostenlos und in rauen Mengen. Um Wissen zu gewinnen, musste man früher noch das Haus verlassen und in eine Bibliothek gehen. Das war relativ mühsam. Heute genügen ein paar Klicks von der Couch aus – und schon wissen wir Bescheid. Aber Gänsehaut gibt es eben nicht überall und jederzeit. Da muss sich jemand schon richtig ins Zeug legen, um Gänsehaut bei anderen zu erzeugen. Und für dieses Feeling sind viele bereit, mehr auszugeben. In manchen Fällen sogar sehr viel mehr.

B

Gänsehaut generieren

Ein Redner, der ganz wunderbar Gänsehaut über ein an sich trockenes Thema vermitteln kann, ist Dr. Martin Schlott. Sein Job als Chefarzt für Anästhesiologie und operative Intensivmedizin und Leiter des blutgruppenserologischen Labors in der Stadtklinik Bad Tölz klingt nicht so aufregend. Das kann er in seinen Vorträgen kompensieren. Im GOLD-Programm ging er mit folgendem Einstiegssatz auf die Bühne: »Wer besser schläft, hat dickere Eier.« Er konnte mit diesem flotten Spruch und der Geschichte dahinter nicht nur Gänsehaut erzeugen, sondern wissenschaftlich fundiert erklären, warum Männer, die besser schlafen, größere Hoden haben: Ein sehr plakatives Beispiel dafür, dass im Schlaf viele wichtige regenerative Prozesse für unsere Gesundheit und Leistungsfähigkeit ablaufen. Unabhängig davon zeigte er, dass Schlaf einer der meist unterschätzten Erfolgsfaktoren ist und einen größeren Einfluss auf unser tägliches Leben im Wachzustand nimmt, als viele glauben.

In seinem Buch *Erfolgsfaktor Schlaf* erklärt er den Zusammenhang zwischen Schlaf und Leistungsfähigkeit. Er zeigt die Gründe für ausbleibenden und schlechten Schlaf auf und erklärt, durch welche kleinen Veränderungen unseres Alltags wir unsere nächtliche Erholung optimieren können. In das Buch hat er wunderbare Menschen und deren Schlafgeschichten und Schlaferfahrungen integriert – beispielsweise den Radiomoderator Wolfgang Leikermoser von Antenne Bayern, den Starkoch Alexander Herrmann, den LinkedIn Mitgründer Konstantin

Guericke, den Ex-Tennisprofi Tommy Haas und den Künstler Peter Maffay.

Martin ist nicht nur ein erfolgreicher Arzt und Autor, sondern mittlerweile auch in vielen Fernsehsendungen zu sehen. Er zeigt deutlich, dass Schlaf nicht nur für Athleten wichtig ist, sondern auch eine betriebswirtschaftliche Relevanz für Menschen und Unternehmen hat. Inzwischen ist er ein gefragter Referent bei Vorträgen, Workshops und Coachings in Unternehmen, die dafür sorgen, dass Mitarbeiter besser schlafen und damit eine höhere Leistungskraft entwickeln.

B

Hoffnung geben

Wer Hoffnung zu bieten hat, der braucht sich um seine Zukunft keine Sorgen zu machen. So wie Thomas Hellweger. Er gilt als einer der ganz großen Immobilienmakler in einer elitären Gegend, nämlich am Starnberger See. Über diesen elitären Rahmen hinaus hat er es geschafft, in ganz Deutschland sichtbar zu werden. Das ist recht unüblich, da Makler meist regional verortet sind. Wie ist ihm das gelungen? Die Antwort ist in seinem Buchtitel zu finden: *Der Türöffner: So bekommst du jede Wohnung*. In seinem Buch wird er zum Robin Hood der Mieter und zeigt, worauf es zu achten gilt, um endlich seine Traumwohnung beziehen zu können. Dieses Hoffnungsversprechen, das er übrigens souverän einlöst, hat ihn nicht nur auf die Bestsellerliste, sondern darüber hinaus in viele Fernsehsendungen, Talk-Formate und Radiosendungen gebracht und so zu einem deutschlandweit bekannten Immobilienexperten gemacht.

B

Herzen berühren

Janis McDavid ist ohne Arme und ohne Beine auf die Welt gekommen. Ein schweres Schicksal. Es wäre nachvollziehbar, wenn Janis weder mental noch körperlich in der Lage wäre, sein Leben auf die Reihe zu kriegen. Aber das absolute Gegenteil ist der Fall! In meinen Augen ist Janis eine der bewundernswertesten Personen auf diesem Erdball. Trotz seines Handicaps steht er voll im Leben, fährt autark Auto, ist beruflich erfolgreich und mittlerweile sogar Bestsellerautor. Dazu ist Janis ein Weltentdecker – er lässt sich von seinen Freunden Huckepack durch die Welt tragen. Außerdem ist er UNICEF-

Mutmacher, Schaeffler-Paravan-Markenbotschafter und noch dazu ein toller Bühnenredner, der nicht zuletzt bei uns in New York die Bühne gerockt und den Speaker-Slam gewonnen hat. Eine außergewöhnliche Persönlichkeit, über die das Magazin *Stern* erst 2021 einen mehrseitigen Bericht gebracht hat.

> Das ist der Dreiklang des Erfolgs: Menschen hören dir zu, wenn sie dir vertrauen. Menschen werden begeistert durch Gänsehaut-Feeling. Menschen entscheiden sich für dich durch Hoffnung.

Anziehungskraft schaffen

Doch wie entsteht dieser Dreiklang? Was ist es, das eine solche Anziehungskraft erzeugt, Menschen zur Marke werden lässt und Unternehmen zu Marktführern macht? Der Schlüssel ist immer *Macht*. Nicht umsonst sprechen wir von der »Marktmacht« oder »Markenmacht«. Tja, aber was ist der Schlüssel zur Macht?

Macht, egal welcher Art, entsteht durch Fiktion. Also durch eine Vorstellung, ein Versprechen, eine Geschichte, eine Erzählung, ein Bild. Das Erschreckende, ja mitunter Erschütternde daran ist, dass es nicht unbedingt der Wahrheit entsprechen muss, um zu wirken:

- Coca-Cola erzählt uns die Fiktion von einem glücklichen, strahlenden, freudvollen Leben, das einmal im Jahr den Höhepunkt mit dem Weihnachtstruck erfährt. In Wirklichkeit ist Limonade – egal ob Coca-Cola oder eine andere Marke – ungesund, zu süß und macht fett.

- Das Parfum Chanel No. 5 gaukelt uns vor, dass wir mit dem meistverkauften Duft der Welt genauso strahlen, leben und agieren wie die Hautevolee. Dabei riechen wir damit genauso wie unsere Mutter oder Großmutter. Na ja, wer's mag …

- Die Eissorte »Netflix & Chill« von Ben und Jerrys verspricht uns entspannte Stunden vor dem Fernseher. Doch in Wirklichkeit sorgt das Eis früher oder später – je nach persönlichen Konsumgewohnheiten – für einen Moment des Schreckens auf der Waage.

- Vor einer Hochzeit wird der Partner mit einem Ausblick auf ein glückliches Leben voller Liebe und Leidenschaft »angeworben«. Niemand spricht von der Pflegebedürftigkeit im Alter oder der Möglichkeit einer unglücklichen Beziehung oder gar einer Scheidung.

- Und vermutlich wird nirgends so viel geflunkert – oder sagen wir: ausgeschmückt – wie bei Bewerbungsgesprächen. Damit man besser dasteht vor dem Arbeitgeber in spe, wird der Lebenslauf mächtig aufpoliert.

Was bedeutet das für dich und deinen Frame? Ganz einfach: **Du musst deine Geschichte erzählen.** Eine packende Story, die Gänsehaut erzeugt; einen Erfahrungsbericht, der anderen neue Hoffnung gibt; oder ein Erlebnis, das die Herzen der Menschen erwärmt. Ich bin sicher, dass es in deinem Leben genug Material gibt, aus dem deine Erfolgsgeschichte gestrickt werden kann. Und jeden Tag hast du die Möglichkeit, neue Erfahrungen zu sammeln, neue Wege zu erforschen, neuen Menschen zu begegnen und deine Botschaften passend zu deinem Frame zu gestalten. Ganz ohne Flunkern!

➲ How to: Wie du dich und deinen Markenauftritt einzigartig und unverkennbar machst

Setz dich mit den richtigen Bildern in Szene

»Ein Bild sagt mehr als 1000 Worte.« Das stimmt. Bilder sind das, worauf es wirklich ankommt. In diesem Bereich erlebe ich gerade bei der Webseitengestaltung einen hohen Grad an Emotionslosigkeit. Leider. Denn nichts kann besser Emotionen zeigen und hervorrufen als Bilder oder Videos. Das sollte mittlerweile hinlänglich bekannt sein. Dennoch sehe ich auf vielen Webseiten das genaue Gegenteil.

Bei der Verwendung von Bildern – nicht nur auf Webseiten, sondern allgemein in deiner Außenkommunikation – gibt es fünf wichtige Regeln. Klopfe deine bereits vorhandenen Bilder danach ab und wähle in Zukunft (noch) gezielter aus, wie du dich und dein Business optisch vorteilhaft inszenierst.

1. Bilder sollen Emotionen wecken

Bilder sollten nicht nur Prozesse abbilden, sondern den Spaß, die Freude und den Erfolg, den wir dadurch haben, widerspiegeln. Es sollten einfallsreiche Fotos sein, die es zahlreich als sogenannte Stock-Fotos im Internet zu kaufen gibt. Aber bitte nicht die langweiligen Klassiker, bei denen sich zwei Menschen die Hand geben oder High five machen. Das wirkt austauschbar und manchmal geradezu steril. Grundsätzlich bin ich kein Freund von Stock-Fotos. Aber wenn man keine andere Möglichkeit hat, mag das ein guter erster Schritt sein.

2. Bilder sollen auf deine Positionierung einzahlen

Wenn du Vortragsredner bist, sind Fotos, die dich beim Waldspaziergang zeigen, nicht wirklich sinnvoll. Du brauchst Bilder von dir auf der Bühne – in Aktion. Wenn du die großen Bühnen dieser Welt erobern willst, solltest du dich auf keinen Fall auf der Bühne vom Wirtshaus am Eck ablichten lassen oder nur ein Selfie posten. Und falls du gelernter Schlosser bist, dich aber als Förster neu orientiert hast, sollten Blaumann und Zange auf Fotos in Zukunft tabu sein.

3. Bilder sollen Qualität sichtbar machen

Einmal durfte ich für Mercedes Transporter einen Vortrag halten. Ganz stolz wollte ich auch den Transporter zeigen, mit dem mein Team meine Büchertische und das Bühnen-Equipment von A nach B brachte. Mercedes veröffentlichte das Foto allerdings nicht – zumindest nicht im Original, sondern nur in einer gepimpten Version. Unser Transporter hatte vermutlich nicht genug Sonderausstattungen, die echte Autofreaks gerne sehen.

Es sind oft Kleinigkeiten, die ein Markenbild vervollständigen oder zerstören können. Wir selbst erkennen diese Kleinigkeiten oft gar nicht. Doch anderen stechen sie sofort ins Auge. Das fängt schon bei der Kleidung an: Trägst du rahmengenähte Schuhe oder Manschettenknöpfe? Passt dein Anzug wie angegossen oder ist die Bügelfalte schon schief? Hast du deine Krawatte mit dem doppelten Windsor-Knoten gebunden? Nicht, dass jeder eine Krawatte tragen muss – aber einige Menschen legen Wert darauf. Manche zählen auch die Anzahl der Ärmelknöpfe am Sakko. Ja, sie achten sogar darauf, ob die Ärmelknöpfe wirklich funktionieren (ein erkennbares Zeichen eines Maßanzugs) und ob sie auf Stiel genäht sind. Ja, ich weiß, es ist geradezu unglaublich, aber wer die große Welt erobern will, sollte auch ein wenig wie große Welt aussehen. Und dabei sind nicht nur Kleidung, Körperpflege oder Frisur zu beachten, sondern genauso das Auftreten, die Sprache, die Umgangsformen, der fahrbare Untersatz oder die Wahl des Parkplatzes.

Manche Menschen achten auf Dinge, dass mag man gar nicht glauben, so lange man es nicht erlebt hat! Ich kann mich noch gut an die Vertreter eines DAX-Unternehmens erinnern. Sie sagten mir, dass sie mich gerne buchen würden. Allerdings gab es eine Bedingung: Ich sollte vorher zum Friseur gehen und mir die langen Haare abschneiden lassen! Ich konnte es mir leisten, langhaarig zu sein. Aber ich möchte gar nicht wissen, wie viele Leute mich gebucht hätten, wenn ich eine »normale« Frisur gehabt hätte. Und umgekehrt: Möglicherweise hätten mich viele mit kurzen Haaren eben nicht gebucht. Denn vielleicht wäre ich ihnen dann einfach zu normal gewesen.

Wichtig ist, dass du am »Kapitalstock« aufgestellt bist. Das ist dann der Fall, wenn Menschen oder Unternehmen, die Geld haben, dich als wertvollen Partner wahrnehmen. Neben der Kleidung gibt es viele Aspekte, die dich dafür prädestinieren oder auch disqualifizieren. Wenn du beispielsweise auf großen Bühnen sprechen willst, dann wären Bilder von einer kleinen Bühne mit Flip-Chart und Moderationskarten nicht wirklich am Kapitalstock. Das bedeutet: **Zeige und inszeniere die Person, die du für deine Kunden sein willst – auch wenn du auf den Bildern die Zukunft noch ein wenig vorwegnehmen musst.**

4. Eine passende Bildsprache ist erfolgsentscheidend

Der Schlüssel zum Erfolg ist, dass wir unser Vorgehen und unsere Angebote so darstellen, dass sie bei kapitalkräftigen Entscheidern und Kunden Interesse wecken und im besten Fall gekauft werden. Das kann mitunter ganz schön knifflig sein:

Einer meiner Goldies (so nenne ich die Teilnehmer des GOLD-Programms) hatte einen Auftrag vermittelt bekommen, mit allem Drum und Dran: gutes Honorar, coole Location, Reisekosten und Logis inklusive. Der Auftraggeber buchte für ihn eine Suite im Hotel. Der Goldie postete seine noble Unterkunft. Bis hierher alles richtig gemacht. Denn das Bild zahlte auf seine Außenwirkung und seine Inszenierung ein. Es zeigte, dass er ein begehrter und geschätzter Redner war, was sich auch in der richtigen Zimmerkategorie widerspiegelte. Das Problem war, dass er sein Selfie mit folgendem Kommentar postete: »Größer als bei mir zu Hause.« Autsch! Damit hat er einen ganz wunderbaren Rahmen mit nur einem einzigen, unüberlegten Satz zerstört.

Es gibt natürlich auch Auftraggeber, die genau gegenteilig verfahren: Sie geben die Suiten lieber den guten Kunden und überlassen den Rednern die »normalen« Zimmer. Durchaus nachvollziehbar. Mein Tipp: Wenn du gerade in der Besenkammer einquartiert worden bist, solltest du kein Selfie von dort posten. Das kannst du nur machen, wenn du 200-mal im Jahr in Luxus-Suiten absteigst und das in deinen Storys in den sozialen Medien auch zu sehen ist. In dem Fall kann die Besenkammer eine herrliche, auch selbstironische Abwechslung sein.

Poste nichts, das hinten und vorne nicht zu deinem Rahmen passt. Überleg dir, an wen du dich richtest, wer der Empfänger deiner Bildbotschaft ist. Grundlegend sind meiner Ansicht nach zu vermeiden: Pinnwände mit Wölkchen, Räucherstäbchen und Meditationskissen – außer du bist Yogalehrer oder Achtsamkeitscoach. Aber selbst dann finden sich bestimmt noch andere, weniger stereotype Fotos.

5. Bei der Bildauswahl spielt die gewünschte Zielgruppe die Hauptrolle

Du willst von Menschen gebucht werden, die dich in großen Hotelsälen auftreten lassen? Dann zeig diese Hotelsäle und keine Wirtsstuben oder Volkshochschulkammern. Du willst von den Entscheidern der deutschen Wirtschaft gebucht werden? Kein Problem! Du solltest dabei nur bedenken, dass der Löwenanteil der Entscheider immer noch männlich ist (so schnell ändert sich das System nicht). Wenn du dann ausnahmslos Bilder von dir und deinen weiblichen Teilnehmergruppen zeigst, ist das nicht nur zielgruppenspezifisch falsch, sondern auch umsatzschädlich.

> Zeige die Person und die Zielgruppe, die du sein und haben möchtest – und nicht Lieschen Müller, von der du zufällig ein Foto hast.

Erhöhe deinen Impact im World Wide Web

Fotos und Videos geben dir einen Rahmen, damit du dich im richtigen Licht präsentieren kannst. Du musst ihn nur sinnvoll nutzen. Aber wie schaffst du es, dass die Leute deine Website kennen und sie auch besuchen wollen? Erwähn deinen Internetauftritt auf möglichst vielen Kanälen, die zu dir und deiner Geschäftsidee passen. Heutzutage spielen insbesondere die sozialen Medien eine entscheidende Rolle in puncto Bekanntheit und Reichweite.

> Ganz hinten im Buch auf Seite 189 findest du einen QR-Code. Einfach einscannen – und schon kommst du zu einer umfangreichen Auflistung von Kanälen, auf denen du deine Botschaften senden und mit passenden Bildern anreichern kannst.

Deine Website ist einer der wichtigsten Frames, die du einem Interessenten bieten kannst. Sie ist also eine sehr wichtige Bühne für deine Selbstdarstellung. Zu keinem Zeitpunkt in der Geschichte der Menschheit war es so einfach, ein gutes Bild von sich abzugeben. Heutzutage kann man sich mit wenig Aufwand und geringen Kosten im Internet professionell darstellen. Leider muss ich aus Erfahrung sagen, dass die meisten Webseiten umsatzschädigend sind. Deshalb habe ich hier die größten Stolpersteine zusammengetragen, die dazu führen, dass eine Webseite die Besucher nicht anspricht. Das gilt aber natürlich nicht nur für Webseiten, sondern letztlich für jede Art von Außenauftritt:

1. Unklare Zielgruppe

Viele sind sich über ihre Zielgruppe unklar und sprechen schlichtweg die falschen Leute an. Nun gehöre ich kaum zu den Menschen, die sich übermäßig lange Gedanken um Zielgruppen, Zielgruppenanalysen oder Avatare machen. Das muss meines Erachtens gar nicht sein. Es geht nur um einige grundsätzliche Entscheidungen. Eine Kernfrage lautet, ob es sich um ein Business-to-Business-Geschäft (B2B) oder um ein Business-to-Consumer-Geschäft (B2C) handelt.

Ich finde allerdings, dass diese Unterteilung häufig zu strikt ist. Einerseits gibt es viele Dienstleistungen, die mehrere Zielgruppen ansprechen können. Außerdem werden sich B2B und B2C in Zukunft immer schlechter voneinander trennen lassen. Die Mischform lässt sich aber schwer darstellen und beschreiben. Vielleicht sollten wir daher in der Zielgruppenansprache neu denken. Wie wäre es, die Zielgruppe

> Wen willst du (vorrangig) ansprechen? Kannst du dich bei B2B oder B2C klar einordnen? Wenn ja, super! Aber viele können das nicht auf Anhieb. Doch das ist gar nicht so schlimm, wie einem oft weisgemacht werden soll. Ich weiß, dass sich etliche Menschen unendlich viele Gedanken über Zielgruppen, Targetierungen, Avatare und Sonstiges machen. Ich möchte dem widersprechen und dir eine ganz andere, wesentlich pragmatischere Frage stellen: **Warum nicht einfach ohne Zielgruppe loslegen und sehen, was sich als Zielgruppe herausbildet?** Prüf doch erst mal, was du schon alles vorzuweisen hast, statt fieberhaft zu überlegen, wen du überzeugen willst. Überleg doch erst mal, *was* du sagen willst, statt dich dauernd zu fragen, *wem* du es sagen willst.

zu definieren als »Business to Community«? Was ich damit meine? Eine Zielgruppe, die sich aus unserer bestehenden Community, die uns schon kennt und bereits folgt, zusammensetzt. Deren Bedürfnisse und deren bevorzugte Ansprache kennen wir ja ganz gut. Oder eine Zielgruppe, die sich noch ausbildet, sowohl offline als auch online auf den unterschiedlichen Kanälen, die wir bespielen.

2. Unpassende Ansprache

Ich erlebe häufig, dass Unternehmer große kaufkräftige Zielgruppen nicht erschließen, weil sie sich durch leicht vermeidbare formale Fehler von dieser Zielgruppe entfernen. Dazu zählt unter anderem die Ansprache.

Wenn es um die Textbestandteile einer Webseite geht, stellt sich schnell die Frage, wie die Besucher angesprochen werden sollen: mit »Du« oder mit »Sie«? Bei dieser Überlegung dominiert oft der Wunsch, wie man selbst am liebsten angesprochen wird. Oder man nimmt die Art und Weise, wie man gerne mit seinen Kunden umgehen möchte, als Maßstab. Das ist nachvollziehbar, aber eher eine Geschmacksache und noch dazu eine sehr persönliche Entscheidung, mit der man oft daneben liegen kann. Die allerwichtigste Frage ist in diesem Zusammenhang nämlich: Wie wollen kapitalkräftige Entscheider angesprochen werden? Demzufolge hängt die Wahl der Ansprache vom Fokus auf eine kaufkräftige Klientel ab.

Nehmen wir an, du bist Gedächtnistrainer. Du zeigst deinen Teilnehmern, wie sie ihr Gedächtnis auf Trab bringen können. Wahrscheinlich wirst du die Leute in deinen Kursen duzen und freundschaftlich mit ihnen zusammenarbeiten. Dennoch ist dies ein Thema, das nicht nur einzelne Personen anspricht. Auch große Firmen, die Interesse an einer besseren Gedächtnisleistung ihrer Mitarbeiter und der daraus entstehenden Performance haben, könnten dich buchen. Aus diesem Grund würde ich die Webseite auf jeden Fall in der Sie-Ansprache gestalten. Im Rahmen der Veranstaltungen kannst du dann gerne elegant zu einem respektvollen Du umschwenken.

Das Du wird offenbar immer »hipper«. Dennoch sollten wir Menschen persönlich oder in Anschreiben, Briefen und Mailings nicht einfach duzen. Bevor wir das tun, sollten wir mit einem einleitenden Satz erklären, warum wir diese Menschen mit einem respektvollen Du ansprechen. Das gebietet die Höflichkeit.

Bei anderen Texten stellen sich andere Fragen, was die Formulierung angeht. Vor einiger Zeit zeigte ich einer Gruppe, wie man mit seinen Beiträgen in der regionalen, nationalen oder gar internationalen Presseberichterstattung landen kann:

Ich bat eine Teilnehmerin, ihre Pressemitteilung vor der gesamten Gruppe laut vorzulesen. Doch schon nach den ersten Worten war mir klar: Diese Übung war gründlich in die Hose gegangen. Sie hatte ihre Pressemitteilung in der Ich-Form geschrieben – ein absolutes No-Go. Wenn man in Betracht zieht, wer in diesem Fall Sender und Empfänger ist, wird schnell deutlich, dass in Medienveröffentlichungen die Ich-Form total unpassend ist. Der Herausgeber der Botschaft ist schließlich nicht die Person selbst, sondern die Presse, die über diese Person berichtet. Deswegen ist hier die einzig richtige Wahl der Formulierung – von Zitaten einmal abgesehen – die dritte Person.

Egal ob du schriftlich, via Audio oder Video kommunizierst: **Überleg dir immer, wer dein primäres Publikum ist.** Wer ist der kaufkräftige Empfänger deiner Botschaften und wie bringst du ihn dazu, sich für dich, deine Inhalte und deine Angebote zu interessieren? Wie hältst du ihn bei der Stange? Für welches seiner Probleme kannst du eine Lösung anbieten?

3. Fokus auf die Darreichungsform

Viele Menschen machen durch ihre Darstellung ihre möglichen Honorarsätze zunichte. Nicht nur das – sie schrecken sogar potenzielle Kunden ab!

Wer sich zum Beispiel nur »Coach« nennt, siedelt sich in der Honorarhierarchie dieser Branche am untersten Ende der Skala an. Fast alle potenziellen Klienten wissen, dass Coaches niedrige Tagessätze haben und häufig sogar auf Stundenbasis abrechnen. Der Deutsche Bundesverband Coaching e. V. gibt den Tagessatz mit circa 900 Euro an. Auf der nächsten Stufe in der Honorarhierarchie sind die Berater. Laut Bundesverband Deutscher Unternehmensberater liegt ihr Tagessatz bei 1300 Euro. Darüber sind die Trainer mit einigen 100 Euro mehr pro Tag angesiedelt. Wesentlich lukrativer wird es für Vortragsredner, die Speaker. Noch besser sieht es für Keynote-Speaker aus.

Eins haben all diese Bezeichnungen gemeinsam: Sie beschreiben lediglich, in welcher Darreichungsform eine Leistung erbracht wird. Zusätzlich geben sie Hinweise darauf, in welcher Preiskategorie das Ganze angesiedelt ist. Welche Inhalte behandelt, welche Nutzen erzielt oder welche Bedürfnisse gestillt werden, ist damit noch nicht einmal ansatzweise geklärt. Das ist vergleichbar mit einem Apotheker, der dir ein Medikament als Salbe, Tablette und Lösung anbietet, ohne dir zu erklären, wofür es gut ist.

All diese Beispiele gelten für die beratende Branche. Doch diese oft honorar- und wertmindernden Bezeichnungen gibt es sicher in jeder Branche.

Positioniere dich immer so weit oben und so hochwertig wie möglich. Meiner Meinung nach ist es viel sinnvoller, die Treppe stets von oben zu kehren. Ich strebe immer Olympia an. Denn es ist leichter, sich nach unten zu bücken, wenn man oben steht, anstatt sich nach oben zu recken, wenn man unten steht. Anders ausgedrückt: **Greif nach den Sternen. Wenn du sie nicht erreichst, landest du immer noch auf dem Mond.** Ein Top-Keynote-Speaker kann sich immer noch zu einem Coaching »herablassen«. Aber ein Coach wird selten für eine Keynote gebucht. Wie heißt es beim Fliegen immer so schön: Runter kommen sie alle. So ist es mit allen Marken. Was die Oberschicht hat, das möchte die Unterschicht auch gerne haben. Aber was die Unterschicht liebt, ist in der Oberschicht meist verpönt.

4. Fokus auf das Verfahren

Menschen haben in der Regel einen einzigen Wunsch: Sie wollen, dass ihre Bedürfnisse – zumindest so gut wie möglich – befriedigt werden. Die meisten Medien, Flyer oder Webseiten sagen jedoch nur wenig darüber, *wie* diese Bedürfnisse befriedigt werden. Ja, sie erklären nicht einmal den Nutzen, den der Einzelne von einem bestimmten Angebot hat. Stattdessen sprechen sie über die Verfahren, die zum Einsatz kommen. Das heißt: Sie erklären, mit welchen Methoden sie arbeiten. Aber sie beschreiben nicht, was sie zu welchem Zweck tun. **Die Grundregel jeder Überzeugungsarbeit lautet aber: »Bedürfnis statt Verfahren!«**

Der Besuch der Webseite eines Physiotherapeuten oder einer Massagepraxis endet oftmals im Nirvana der Verfahren. Dort wird eine Vielzahl unterschiedlicher Massagen oder Anwendungen angepriesen. Und nicht nur das – es wird auch beschrieben, mit welchen Hilfsmitteln diese Anwendungen durchgeführt werden. Ob ätherische Öle, heiße Steine, warme Tücher, geschulte Hände oder andere Werkzeuge: Die Aufzählung und die Beschreibung der Verfahren sind beinahe endlos. Viele scheinen sich sogar über die Anzahl der Verfahren, die sie anbieten, zu definieren. Nach dem Motto: »Wer wenig zu bieten hat, der ist schlecht.« Dass die Kunden sich mit einer solchen Vielzahl an Optionen überfordert fühlen, verwundert nicht.

Eine meiner Seminarteilnehmerinnen hatte als Überschrift auf ihrer Webseite gewählt: »Schamanisches Heilsingen an Kraftplätzen«. Das war ihre Positionierung. Ich will nicht behaupten, dass »Schamanisches Heilsingen an Kraftplätzen« nichts bringt. Genau genommen habe ich keine Ahnung davon und recht wenig Erfahrung, wie das funktioniert. Aber ich lasse mich gerne davon überzeugen, dass es ein hilfreiches Konzept ist. Ich gebe übrigens all meinen Teilnehmern und deren Ideen diesen Vertrauensvorschuss. Wenn wir also davon ausgehen, dass »Schamanisches Heilsingen an Kraftplätzen« einfach der Hammer ist, gibt es dafür definitiv einen Markt. Dennoch würde ich davon abraten, das Produkt mit dem Verfahren zu beschreiben. Denn in diesem Fall finden sich darin gleich zu Beginn drei Wörter, die potenzielle Kunden abschrecken könnten:

- *Beim Begriff »schamanisch« steigen viele Leute direkt aus, weil es ihnen zu spirituell, zu esoterisch oder zu spooky klingt.*
- *Der Begriff »Heilsingen« ist doppelt gefährlich: Zum einen darf das Wort »heilen« laut deutscher Rechtsprechung nicht einfach erwähnt werden, ohne eine entsprechende Ausbildung zu haben. Und selbst*

dann grenzen Heilversprechen ans Unseriöse. Davon abgesehen ist das Wort »singen« für viele negativ belegt, schlichtweg weil sie nicht singen können oder wollen oder sich nicht blamieren wollen. Ich für meinen Teil singe so schlecht, dass ich in meiner Familie ein offizielles Singverbot habe. Sollte ich bei irgendetwas nur zu summen anfangen, schreien meine Kinder schon laut: »Singverbot!« Aber das nur mal so am Rande.

- *Mit den »Kraftplätzen« ist es ähnlich: Für viele ist das zu esoterisch oder spirituell. Erschwerend kommt hinzu, dass hier direkt der Gedanke aufkommt, man müsse an abgelegene Orte reisen, um die Kraftplätze zu besuchen. Und dann geht bei vielen (mich eingeschlossen) sofort das negative Kopfkino los und beschreibt beschwerliche und lange Anreisen, unwirtliche Orte, klirrende Kälte, Nebel und Dauernieselregen, klamme Outdoor-Kleidung, Wasser aus Feldflaschen, stickige Zelte …*

Das ist die (negative) Macht der Verfahren. Verfahren sind in der Regel immer aufwendig, anstrengend und mühsam. Und eins ist sicher: **Niemand kauft gerne aufwendige, anstrengende und mühsame Produkte.** Das machen wir erst, wenn unsere Not groß genug ist, wenn wir eine schlimme Diagnose erhalten, eine schwere Krankheit bekommen oder sonstiges Leid verspüren. Manchmal tun wir es auch, wenn der Zielmagnetismus unserer Vision groß genug ist. Aber das sind absolute Ausnahmefälle. Auf diesen Seltenheitswert sollten wir nicht bauen.

Ich empfehle daher immer, das Bedürfnis, das durch ein Angebot gestillt wird, oder den Nutzen, der dadurch generiert wird, herauszustellen. Aber kommen wir noch mal zurück auf unser Beispiel mit dem »Schamanischem Heilsingen an Kraftplätzen«:

Wie gesagt weiß ich genau, welche Wirkung sich dahinter verbirgt. Aber ich könnte mir vorstellen, dass es in folgende Richtung gehen könnte: »Fokus finden, Grenzen überwinden, Erfolge feiern«. Merkst du was? Mein Titel hat mit dem ursprünglichen Verfahren nichts zu tun. Allerdings beschreibt er etwas, was Menschen – zumindest meiner Erfahrung nach – gerne haben wollen. Hinzu kommt, dass dieser Titel sowohl B2B- als auch B2C-tauglich ist. Und bei der eigenen Community darf man auch detaillierter darüber sprechen, weil diese Menschen Kraftplätze & Co. bereits kennen und lieben.

Der Titel »Fokus finden, Grenzen überwinden, Erfolge feiern« ist das, was ich in der Außenwirkung adressiere. Es ist der Köder, den ich auswerfe. Wenn der Fisch dann am Haken hängt, erkläre ich ihm, wie er Fokus finden, Grenzen überwinden, Erfolge feiern kann – nämlich durch »Schamanisches Heilsingen an Kraftplätzen«. Und schon schließt sich der Kreis.

Überprüfe deine Botschaften kritisch und richte dein Augenmerk darauf, wie viel Prozent tatsächlich die Bedürfnisse deiner Klienten bedienen und beschreiben und wie viel Prozent die Verfahren beschreiben, die dann im besten Fall – sofern überhaupt – dieses Bedürfnis erfüllen.

Erhöhe den Anteil an Botschaften, die den Mehrwert und den Nutzen deines Angebots hervorheben. **Verfeinere deinen Köder, damit er deinem Fisch schmeckt!**

Entwickle eine »Signature« – werde einzigartig und wiedererkennbar

»Ich wollte Maler sein und bin Picasso geworden«, beschreibt einer der berühmtesten Künstler der Welt den Kult um seine Person. Picasso beachtete und kultivierte den Rahmen um sich und seine Kunst von Anfang an. Er feilte sogar an seiner Unterschrift, weil er wusste, wie wichtig die Signatur für seine Werke und damit für sein Einkommen sein würde. Nicht umsonst sprechen wir immer häufiger von der »Signature« nicht nur als Unterschrift. So haben Restaurants meist ein »Signature Dish«, also ein Gericht, für das sie weithin bekannt sind. Und viele Redner haben »Signature Stories«, die ihren Wiedererkennungswert ausmachen.

Das Problem ist nämlich: Letzten Endes können sich Menschen an fast nichts erinnern. Wir vergessen vieles – manchmal zu vieles. Bei einem Comedian kann man sich oft nur noch an einen Witz erinnern, bei einem Menschen oft nur an eine Eigenschaft und bei einer Begegnung oft nur an eine Sache. Woran das liegt? Wir arbeiten mit dem semantischen und episodischen Gedächtnis. Ersteres ist vereinfacht gesagt für die Zahlen, Daten, Fakten verantwortlich. Zweites ist für die Geschichten und Erlebnisse zuständig, die uns widerfahren. Deshalb können sich viele Menschen nicht mehr an den Namen des Protagonisten erinnern, aber an die Geschichte, die er erzählt hat. Viele vergessen den Namen des Restaurants, aber nicht den Geschmack des Desserts. Deshalb, und genau deshalb, sind Signatures so entscheidend und so wichtig. Damit meine ich das, was im Gedächtnis bleibt. Doch genau darin lauert ein Missverständnis, dem so viele Menschen unterliegen.

Ich bin ein großer Freund davon, dass Menschen Signatures entwickeln, die auf die Qualität und die Wahrnehmung ihrer Dienstleistungen und Produkte einzahlen. Es ist mir allerdings viel zu kurz gesprungen, das mit billigen Accessoires zu versuchen. Ich möchte mich nicht durch bunte Socken, blaue Schals, rote Stirnbänder oder einen übergroßen Hut zur Marke machen. Das ist mir zu klein und zu kurz gedacht. Ich möchte mich nicht an den roten Teppich im Restaurant, sondern an den Geschmack erinnern.

Was ist absolut dein Ding? Wofür bist du bekannt? **Was ist dein Markenzeichen – und wie lässt sich das für dein Angebot oder für deinen Wiedererkennungswert nutzen?** Wie könntest du deinen Produkten deine individuelle Note aufdrücken? Wie könntest du deine Dienstleistungen mit deiner persönlichen Handschrift noch wertvoller machen?

Sei nicht die Katze im Sack

Es ist wichtig und erfolgsentscheidend, dass Menschen Vertrauen in dich und deine Leistungen fassen. Aber wie kann das funktionieren, wenn sie dich noch nicht kennen und dich nicht einschätzen, also beurteilen und bewerten, können? Menschen haben Angst davor, schlechte oder falsche Entscheidungen zu treffen. Daher wollen sie die größtmögliche Sicherheit, dass es die richtige Entscheidung sein wird. Also suchen sie nach Möglichkeiten, um schon vor der Leistungserbringung oder dem Projektabschluss Vertrauen aufbauen zu können.

Das Nichtvorhandensein von Vertrauen ist noch lange kein Misstrauen. Es zeigt einfach, dass wir diese Person, dieses Unternehmen, diesen Veranstalter noch nicht (gut genug) kennen. **Wir wollen Beweise, Sicherheit und eine Garantie, bevor wir uns für etwas entscheiden.** Nicht ohne Grund avancieren Online-Bewertungen à la Google, Amazon & Co. zu gerne genutzten Entscheidungshilfen, auch wenn auf diesen und vielen anderen Plattformen mit unfairen oder Fake-Bewertungen viel Schindluder getrieben wird.

Greif nach den Sternen

Bewertungsplattformen im Internet können dir durchaus einen Vertrauensvorschuss einbringen. Dort sehen deine potenziellen Kunden Sterne-Bewertungen und manchmal auch ausführliche Rezensionen von anderen Nutzern. So können sie deine Leistung besser einschätzen als zuvor. Sie fragen sich: Hat dieser Anbieter überhaupt Bewertungen auf gängigen Bewertungsplattformen? Wenn ja, wo und wie viele? Und wie viele sehr gute oder gute? Was steht sonst noch Interessantes drin?

Dennoch haben diese Sterne einen Nachteil: Sie sind ziemlich passiv. Immerhin müssen sie erst einmal entdeckt werden. Und selbst dann stellt sich noch die Frage, ob diese Bewertungen echt und ehrlich sind. Laut einer Studie von Händlerbund und Verband der Elektrotechnik Elektronik und Informationstechnik e. V. (VDE) halten 93 Prozent der befragten Online-Händler Kundenbewertungen für »sehr wichtig« oder »eher wichtig«. Denn sie sind maßgeblich für die Kaufentscheidung, helfen bei der Vertrauensbildung, bieten einen Wettbewerbsvorteil, sorgen für mehr Sichtbarkeit bei der Produktsuche und stärken die Kundenbindung. Gleichzeitig haben fast alle der Befragten (97 Prozent) bereits unfaire Kundenbewertungen erhalten, die zu einem Imageverlust geführt haben. Und 37 Prozent gaben an, Fake-Bewertungen bei Mitbewerbern identifiziert zu haben.[18]

»Papier ist geduldig« oder noch schlimmer »Im Web wartet der Fake«: Gegen falsche Bewertungen scheint bisher kein Kraut gewachsen zu sein. Dennoch denke ich, dass die schiere Menge an Bewertungen schon einen guten Anhaltspunkt liefert. 2000 Bewertungen zu faken ist wahrscheinlich schwieriger als 20. Und dass neun Fünf-Sterne-Bewertungen weniger Entscheidungssicherheit schaffen als 100 Top-Bewertungen, versteht sich wohl von selbst. Allerdings können nur die

Wenigsten eine Vielzahl von Bewertungen vorweisen. Gerade wenn sie noch am Beginn ihrer Tätigkeit stehen, ist das fast unmöglich. Bei mir hat es auch einige Jahre gedauert, bis ich über 2000 Bewertungen mit fünf Sternen gesammelt hatte.

Positive Bewertungen sind zweifellos ein erster wichtiger Schritt, meist aber nicht ausreichend, um Kauf- oder Investitionsentscheidungen zu initiieren. Immerhin geben sie potenziellen Kunden einen Anhaltspunkt. Darüber hinaus gibt es eine Vielzahl von Möglichkeiten, Vertrauen aufzubauen, etwa über Kundenbriefe, Referenzlisten oder Ist-Soll- und Projektbeispiele.

Kümmere dich darum, dass du auf den Plattformen, die wichtig für deine Branche und Zielgruppe sind, vertreten und positiv bewertet bist. Bekannte Online-Bewertungsplattformen sind etwa Amazon, Embis, Glassdoor, Golocal, Google My Business, Kununu, Proven Expert, Rankingcoach, Trusted Shops, Trustpilot, Yelp oder Yourreputation. Von einigen hast du vielleicht schon gehört, andere sind dir womöglich neu. Und noch mehr findest du über den QR-Code auf Seite 189.

Du brauchst ein paar positive Bewertungen? Ich hoffe, du hast gute Freunde. Ich finde es nicht verwerflich oder unseriös, im Freundeskreis nach Bewertungen zu fragen. Das zeigt doch nur die Liebe zum eigenen Angebot. Und dass du deine Produkte oder Dienstleistungen zunächst im engeren Kreis testest, ist auch vollkommen okay.

Fang erst mal klein an

Wenn größere Verträge abgeschlossen werden, kann es sinnvoll sein, zunächst mit einem Teilauftrag zu starten. Wenn du einen Ghostwriter für ein Buch engagieren willst, könntest du zum Beispiel die Ausarbeitung eines Exposés und einer Leseprobe in Auftrag geben. Anschließend könntest du dich auf die Suche nach einem Verlag machen. Sobald du deinen Autorenvertrag in der Tasche hast, kannst du den Auftrag für das Buch vergeben. Das ist besonders sinnvoll, wenn du einen Dienstleister noch nicht näher kennst. Warum solltest du einem Ghostwriter blind vertrauen? Besser ist es, denjenigen erst mal in einem kleineren Rahmen kennenzulernen. Und das ist bei vielen Dienstleistern so. Natürlich gibt es auch dann keine hundertprozentige Garantie. Aber man hat dann schon ein gewisses Bauchgefühl und kann den anderen besser einschätzen.

Kannst du deinen Kunden gestaffelte Leistungen anbieten? Ein Einsteiger-Paket sozusagen oder eine Veranstaltung, bei der man sich im kleinen Rahmen näher kennenlernen kann, bevor ein großes gemeinsames Projekt gestartet wird (Stichwort: Affenfaust)?

Erhöhe den Vertrauensvorschuss durch ein Kennenlernen

Miete in deinem Heimatort oder in einer der nächstgrößeren Städte für einen Abend einen Raum in einer Veranstaltungs-Location oder in einem Hotel. Dabei kommt es weniger auf fünf Sterne und Luxus an. Ganz im Gegenteil: Viele Menschen haben sogar Hemmungen, in ein Fünf-Sterne-Hotel zu gehen, weil sie sich selbst nicht für »würdig« oder »elitär« genug halten. Ich für meinen Teil kann nicht nachvollziehen, warum das Betreten eines Nobelhotels über die Grenzen der Komfortzone hinausgehen sollte. Wie dem auch sei: Such dir ein solides Hotel oder eine nette Location aus. Achte unbedingt darauf, dass der Veranstaltungsort mit den verschiedensten Verkehrsmitteln gut erreichbar ist. In vielen Fällen ist ein Tagungshotel in Bahnhofsnähe sinnvoller als eine ausgefallene Event-Location, die aber schwer zu erreichen ist.

Deine Veranstaltung sollte rund drei Stunden dauern – natürlich mit Pausen. So kannst du den Verkauf besser steuern. Bewirb zudem deinen Kennenlern-Abend über deinen Newsletter, über Social Media oder ähnliche Kanäle. Achte darauf, dass du genügend Vorlaufzeit einplanst. Ich empfehle in der Regel drei Monate Vorlauf. Je nach Umfang kannst du für eine Eintrittskarte zu deiner Kennenlern-Veranstaltung zwischen 19 und 99 Euro verlangen.

Wann könntest du einen Kennenlern-Abend von 18:00 Uhr bis 21:00 Uhr planen? Wo solltest du am besten dafür werben? Wie sollte die Veranstaltung ablaufen? Was willst du den Anwesenden vermitteln? Wie kannst du dein weiterführendes Angebot am besten vorstellen (Stichwort: Pitch. Mehr dazu erfährst du in Kapitel 4)?

Egal ob du Heilpraktiker, Fotografin, Rechtsanwalt oder Steuerberaterin bist: An diesem Abend hast du die Gelegenheit, deine Botschaft zu senden, sichtbar zu werden, Vertrauen aufzubauen und im besten Fall Folgeaufträge zu generieren. Nehmen wir an, dass es dir gelungen ist, 30 Teilnehmer für diesen Abend zu gewinnen. Wenn du 20 Prozent der Anwesenden dazu bewegen kannst, weiterführende Produkte oder Dienstleistungen zu kaufen oder eine Premium-Veranstaltung mit dir zu buchen, hat sich der Aufwand auf jeden Fall gelohnt!

Aber was ist, wenn der Worst Case eintritt und niemand Interesse an deinen weiteren Angeboten zeigt? Dann ist das kein Grund, direkt das Handtuch zu werfen. Es bedeutet auch nicht, dass du nichts draufhast, nichts wert bist – oder was auch immer dir deine Selbstzweifel einreden wollen. Zunächst hast du an diesem Abend wertvolle Erfahrungen gesammelt. Du hast den Mut aufgebracht, vor all diesen Leuten einen Vortrag zu halten und wirst beim nächsten Mal schon routinierter sein. Das ist schon mal ein Gewinn.

Welche Botschaft hast du? Welches Produkt wirst du anbieten? Wie wirst du die Leute unterhalten? Was machst du, um deine Veranstaltung neben den Inhalten auch anderweitig aufzuwerten? Was kannst du tun, damit die Teilnehmer interaktiv mitmachen können? Wie wirst du dein Angebot pitchen? Was wirst du tun, damit viele Menschen es kaufen wollen?

Wenn es nicht wie erwartet klappt, geh auf Spurensuche. Überleg dir, ob die Zielgruppe die richtige war. Oder vielleicht stimmte mit dem Veranstaltungsort etwas nicht? Und: Hast du auch den richtigen Wurm benutzt?

Davon abgesehen war der Rahmen womöglich einfach nicht der richtige. Probier es beim nächsten Mal in größeren deutschen Städten – beispielsweise in München, Nürnberg, Stuttgart, Frankfurt, Köln, Düsseldorf, Berlin oder Hamburg. Dank Social Media lassen sich Anzeigen auf Städte targetieren. Es wäre doch gelacht, wenn du nicht noch einmal 30 Teilnehmer auftun könntest, die gerne einen Abend mit dir verbringen wollen!

Sammle Erfahrungen – und nutze die Learnings, um dich weiterzuentwickeln

Was, wenn die Veranstaltung nicht so läuft, wie du es dir gewünscht hast? Ich darf dich jetzt schon beruhigen und deine Zweifel zerstreuen: Deine Veranstaltung wird besser laufen, als du denkst. Denn Vorbereitung ist eine Mutter des Erfolgs. Gleichzeitig kann ich dir auch versichern, dass nicht alles so gut funktionieren wird, wie du es dir vorgestellt hast. Ein paar Dinge gehen immer Dinge schief. Fehler passieren. Das gehört dazu. Doch auch Pannen sind wunderbar: **Wenn wir nicht das bekommen, was wir wollen, dann bekommen wir etwas anderes – nämlich Erfahrung.** Und die ist Gold wert!

Du kennst sicher das schöne Sprichwort: »Es ist noch kein Meister vom Himmel gefallen.« Ich habe keinen einzigen Redner erlebt, der von jetzt auf gleich auf einer Bühne vor 2000 Menschen stand. Es gilt viele Hürden zu nehmen, um vor großem Publikum sprechen zu dürfen. Dazu gehören nicht nur der Inhalt und die Performance am Tag des Auftritts, sondern auch die Planung, das Marketing, der Ticketverkauf, die Organisation und vieles mehr. Hinzu kommen technische Herausforderungen und vor allem die Fähigkeit, mit all diesen Dingen gleichzeitig auf der Bühne umzugehen. Um das alles souverän zu handhaben, bedarf es einiger Erfahrung und Routine.

Wenn du es langsam angehst und Erfahrungen sammelst, kannst du dich zumindest darüber freuen, dass dir dein Fauxpas nicht vor 1000 Leuten passiert ist, sondern eben nur vor 30. Mit diesem Learning wirst du schon bald souverän vor 50, 100, 500 und wenn du willst auch vor 1000 oder mehr Menschen stehen und deine Botschaften in die Welt tragen. So ähnlich war auch mein Wachstum: Im Jahr nach den 29 Teilnehmern hatte ich Veranstaltungen im niedrigen dreistelligen Bereich. Wieder ein Jahr später waren es schon zwischen 400 und 700 Teilnehmer, die ich begeistern konnte. Ein weiteres Jahr später waren wir bei 2000 Teilnehmern pro Veranstaltung. Und noch ein Jahr später war ich auf einen Schlag bei der Teilnehmerzahl null. Der Grund: Corona! Was wir in dieser absoluten Ausnahmesituation getan haben, erzähle ich dir in Kapitel 4.

Wie schon gesagt: **Es ist selten der Markt, der uns Steine in den Weg legt. Meistens ist es die innere Einstellung, das Mindset, das Zweifeln, das Kleindenken, das uns Erfolge verbaut oder vermiest.** Darum bitte ich dich: Denk nicht darüber nach, ob du dir vorstellen könntest, »so etwas« zu tun. Überleg dir stattdessen, wie du dir eine solche Veranstaltung vorstellen würdest. Sei nicht verkrampft, geh das ganz locker an. Es ist eine hervorragende Gelegenheit, um dich vor einer kleinen, interessierten Gruppe zu präsentieren. Mit anderen Worten: Du kannst sichtbar werden!

Für deine erste Veranstaltung brauchst du vielleicht nicht mehr als einen Raum, einen Beamer, ein paar Tassen Kaffee, einige Blöcke und Stifte, etwas Anstrengung, Motivation und vor allem gute Laune – und schon kannst du ein Kennenlernen realisieren. Okay, Beamer, Kaffee sowie die Miet- und Werbekosten werden deine Einnahmen aus den Eintrittsgeldern mit großer Sicherheit komplett auffressen. Aber neben all den wirtschaftlichen Erfolgen, die wir mit unseren Vorhaben anstreben, gibt es Dinge, die viel entscheidender sind: **Wir wollen Glück in unserem Leben empfinden, aber das kostet mitunter Überwindung.** Klingt merkwürdig, aber es stimmt!

Wenn du häufig glücklich sein willst, dann musst du dich immer wieder dazu überwinden, dir neue Meilensteine zu setzen und sie auch zu erreichen. Egal ob es eine Kennenlern-Veranstaltung im Hotel, ein Online-Seminar, eine Produktvorstellung, eine Verkostung, ein Tag der offenen Tür, eine Präsentation, ein Gespräch oder ein Produkt-Launch ist: So groß deine Aufregung auch sein mag, so sehr du mit Adrenalin und im schlimmsten Fall mit Magenschmerzen, Durchfall und Übelkeit kämpfen musst, desto größer werden die Glücksgefühle sein, die du verspüren wirst, nachdem du deine neue Herausforderung gemeistert hast.

Bedenke bei alldem:
Es geht in erster Linie nicht ums Geld,
auch wenn wir es alle zum Überleben brauchen.
Und es geht auch nicht um unser eigenes Glück,
sondern um den Nutzen unserer Arbeit für unsere Teilnehmer,
Partner und Kunden.

*****

Nicht wir stehen im Mittelpunkt, sondern immer diejenigen, für die unsere Angebote gedacht sind!

*****

Wenn wir jeden Tag unser Bestes geben
und anderen Menschen einen hohen Nutzen bieten,
dann müssen wir uns über unseren Kontostand in der Regel
keine Sorgen machen.

*****

Es sollte eine Selbstverständlichkeit sein,
dass der Kundennutzen jederzeit im Vordergrund steht.
Dennoch will ich die finanzielle Seite nicht außer Acht lassen.
Schließlich ist ein entscheidender Nutzen,
den ich meinen Kunden biete, dass ich ihnen zeige,
wie sie ihre Produkte, Dienstleistungen, Vorträge
oder Ideen monetarisieren können.

*****

Die Zahlen, Daten, Fakten und Rechenbeispiele,
die ich hier und da einstreue, sollen dir die Augen öffnen für das,
was du vielleicht gar nicht für möglich hältst.
Und sie sollen dich inspirieren,
ähnlich ehrgeizige Zahlen anzustreben,
zu erreichen und am allerliebsten natürlich zu übertreffen!

Wenn Vorstellung und wahres Leben nicht im Einklang sind.

4. Frame-Wechsel: Den Rahmen richtig setzen

Das Realitätsproblem: Wenn Vorstellung und wahres Leben nicht im Einklang sind

B Lisa Reinheimer fing 2009 an, Lehramt zu studieren, weil sie Kinder stark machen und ihnen durch Bildung eine gute Zukunft ermöglichen wollte. Schon lange zuvor hatte sie sich gemeinsam mit ihrer Mutter in einem Verein engagiert, der sozial benachteiligte Kinder unterstützte. Lisa hatte es bereits damals schrecklich leidgetan, zu sehen, dass nicht jedes Kind die gleichen Chancen hatte und viele von den Eltern nicht genug unterstützt wurden. Sie begann daraufhin ehrenamtlich, diesen Kindern bei den Hausaufgaben und beim Umgang mit (Lern-)Schwierigkeiten zu helfen. Im Studium hörte sich die Theorie auch noch super und rosig an. Lisa war fest davon überzeugt, als Lehrerin einen positiven Einfluss auf die Entwicklung ihrer Schüler nehmen zu können. Doch im Berufsalltag an verschiedenen Regelschulen merkte sie sehr schnell: Es ging hier doch im Grunde nur um Noten, Versetzungen und die Einhaltung von Leistungsstandards. Es gab Gruppenbestrafungen, Ampelsysteme für gutes Verhalten und zu viele Kinderseelen, die ihrer Meinung nach am System scheiterten. Diese Situation machte sie immer unglücklicher und unzufriedener, da sie entgegen ihren ureigenen Werten handelte: Freude. Freiheit. Fortschritt. Gerechtigkeit. Diese Erkenntnis veranlasste sie zur ersten Anpassung ihres Frames: Sie verließ das Regelschulsystem und machte sich auf die Suche nach der »idealen« Schulform. Diese Entdeckungsreise führte sie vom Vorstadt-Vorzeigegymnasium über eine Brennpunkt-Hauptschule, ein College in Hongkong, eine Grundschule in Bali und eine Privatschule in Singapur bis hin zu einer Montessori-Schule in der Pfalz. Dort wurde sie sogar zur »coolsten Lehrerin der Pfalz« gewählt. Auf dieser Tour erkannte sie, dass sie in diesem Rahmen weder die Kinder noch sich selbst so entfalten konnte, dass die angestrebten Ziele und Erfolge erreicht werden konnten.

Lisa engagierte sich auch eine Zeit lang in der Bildungspolitik – angetrieben von ihrem Idealismus und dem Drang, das deutsche Bildungssystem weiterzuentwickeln. Doch auf einem Seminar für Nachwuchspolitiker kristallisierte sich heraus, was sie im tiefsten Inneren eigentlich schon wusste: Im Grunde ging es ihr weder um diese Partei noch um deren Politik. Lisa wollte etwas bewirken. Statt also von einer Sitzung zur anderen zu hetzen, überlegte sie, wie sie wirklich etwas gestalten könnte. Auf der Suche nach Antworten bildete Lisa sich ständig weiter: Lerncoaching, Montessori, Life Coaching, Positive Parenting … Ihr neues theoretisches Wissen und daraus abgeleitete Strategien testete sie in ihren Schulklassen und bei der Arbeit mit den Eltern. Alles nach dem Trial-and-Error-Prinzip. Für sie zählten vor allem zwei Fragen: Funktionieren die Strategien in der Praxis tatsächlich? Und noch wichtiger: Nehmen die Kinder ihre Fortschritte wirklich wahr (Stichwort: Selbstwirksamkeit, mehr dazu später)?

Als Lehrerin kannte Lisa die »Spielregeln« des deutschen Schulsystems und stellte fest: Die Kinder blieben eher am Ball, entwickelten Vertrauen in ihre Fähigkeiten und hatten Freude am Lernen, wenn sie durch bewusst eingesetzte Strategien Fortschritte erzielten. Der Fokus musste dabei stets positiv sein – also auf den individuellen Ressourcen und Stärken des Kindes liegen. Lisas großer Traum: *Bildungsgerechtigkeit.* Wenn sie nur einen Wunsch frei hätte, würde sie am liebsten allen Kindern auf der Welt Zugang zu guter Bildung ermöglichen und ihnen dabei Erwachsene zur Seite stellen, die sie auf ihrem Weg begleiten und stets an sie glauben. So fasste sie ihren Traum in Worte: »Ich will, dass jedes Kind eine glückliche Schulzeit hat und zum Klassenhelden werden kann.«

Nach der Teilnahme an unserem GOLD-Programm, in dem es darum geht, die eigene Expertise sichtbar zu machen, spürte Lisa sehr deutlich, dass das, was sie erreichen wollte, nur in einem anderen Rahmen möglich war, nämlich außerhalb des Schulsystems, genauer: im Internet. Das erforderte einen Frame-Wechsel. Ihre Plattform *klassenheld.com* bietet Coachings für Eltern und Schüler. Innerhalb weniger Jahre wurde Lisa zum Leuchtturm für Schüler in ganz Deutschland. ZDF, RTL, ntv und viele andere Fernsehsender berichteten über Lisa, ebenso Rundfunksender und Dutzende Printmedien, darunter *Brigitte* und *Die Welt*. Im Jahr 2022 sind es schon über 25 000 Mamas, Papas und Pädagogen, die dafür einstehen, dass Kinder eine schönere Schulzeit haben. Dafür bietet ihnen klassenheld.com ein einmaliges Mentoring-Konzept an. Bereits 2020 startete Lisa nebenbei ihren Podcast »klassenheld« – ohne großen Plan, dafür aber mit viel Herzblut. Mit dem Ziel, Eltern das nötige Handwerkszeug zu geben, damit diese ihre Kinder gut durch die Schule begleiten können. Der Podcast schoss im ersten Jahr auf Platz 1 der Spotify-Charts in den Kategorien »Kindererziehung«, »Familie« und »Bildung«.

Als ich Lisa wiedersah, fiel sie mir um den Hals und sagte: »Hermann, du kannst es dir nicht vorstellen. Ich habe bei meinem letzten Produkt-Launch so einen großen Zuspruch gehabt. Aber was viel wichtiger ist: Ich kann jetzt so vielen Kindern wirklich helfen und Familien mehr Gelassenheit schenken, weil Schule zum Selbstläufer wird!« Lisa hat ihr Gedankengefängnis verlassen.

Ein gesichertes Umfeld, nämlich Lehrerin in einer Schule zu sein, dürfte den wenigsten als Gefängnis erscheinen. Dennoch sind unsere Schulen Räume, die schon alleine durch ihre kasernenartige Ausstattung einen engen Rahmen bilden und selten Heldinnen oder Helden erschaffen. Dieses Hinterfragen und Infragestellen des eigenen Rahmens, insbesondere bei einer scheinbar so guten Lösung, war einer der entscheidenden Erfolgsfaktoren. Die konstruktive Unzufriedenheit und das Bessere als des Guten Feind zu erkennen, war hier der Schlüssel zum Durchbruch.

Doch bevor man in der Lage ist, sein eigenes Gefängnis zu verlassen, muss man sich erst einmal im Klaren sein, dass man in einem solchen sitzt! **Oftmals sind unsere Gedankengefängnisse eine recht bequeme Einrichtung. Gerne bezeichnen wir sie als goldenen Käfig – wobei wir lediglich das Gold, aber selten den Käfig sehen.**

B

Mission Schmerzfreiheit

Nicht nur Lisa Reinheimer hat diesen Erfolgsschlüssel angewandt, auch Claudio Trento ist mithilfe der Digitalisierung durchgestartet: Von der ursprünglichen 1:1-Behandlung in seiner Schmerztherapiepraxis ist er zum sichtbaren Online-Experten für fasziale Balance im Körper, zum Schmerzcoach mit Leib und Seele und zum erfolgreichen Autor geworden. Innerhalb seiner Branche und auch weit über deren Grenzen hinaus gilt er als der Dolmetscher, der die Sprache des Körpers so übersetzen und deuten kann wie kein anderer. Er zeigt Patienten pragmatische Wege auf, damit sie mit Leichtigkeit zu ihrer ursprünglichen Vitalität zurückfinden, ihre Selbstheilungskräfte aktivieren und im Einklang mit sich selbst ihre Schmerzen und ihre gesundheitlichen Probleme lösen.

Für Patienten wäre es natürlich die allerbeste Lösung, wenn sie sich in seine wissenden Hände begeben und sich direkt von ihm behandeln lassen könnten. Das ist zweifelsohne das Optimum. Aber da gibt es so lästige Hindernisse wie Reisezeiten, Fahrtkosten und vor allem begrenzte Kapazitäten. Um diese Hindernisse zu überwinden und noch mehr Menschen zu helfen, hat sich Claudio Unmengen von Onlinekursen zum Thema Schmerzbefreiung einfallen lassen. Jeder Kurs ist so aufgebaut, dass die Patienten dadurch außergewöhnliche Erfolge erzielen können. Es mag sein, dass die Erfolge bei den Onlinekursen manchmal etwas geringer ausfallen als bei den persönlichen Behandlungen. Dennoch sind es Erfolge, die Claudio für sich und vor allen Dingen für seine Patienten verbuchen kann. Also hat er es mit der vermeintlich schlechteren Qualität geschafft, mehr Menschen zu betreuen, zu therapieren und ihnen letztlich auch aus der Ferne zu helfen.

Claudios Herzensmission ist es, den Menschen zu zeigen, wie sie sich selbst helfen und ihre Gesundheit verbessern können. Als international gefragter und beliebter Experte hat er bis dato über 10 000 Trainer, Ärzte und Therapeuten fortgebildet. Mit seiner selbst entwickelten »Holisticsana-Methode« hilft er Menschen, nachhaltig schmerzfrei zu werden. Seine Botschaft: »Da wo es klingelt, ist nie die Glocke« und seine Onlinekurse waren der Schlüssel, um seine Sichtbarkeit und seine Umsätze ganz enorm zu steigern.

B

Mit Business-Turbo zum Speaker

Philip Semmelroth stellte sich irgendwann die Frage, warum sein Unternehmen in der IT-Branche so signifikant erfolgreicher war als die meisten anderen in seiner Größe in Deutschland. Ihm wurde klar, dass seine Business-Turbos – kleine pragmatische Unternehmer-Hacks – das Erfolgsrezept waren, um das Unternehmenswachstum und den Unternehmenserfolg zu beschleunigen. Im GOLD-Programm zeigte sich, dass diese Business-Turbos nicht nur sein IT-Unternehmen nach vorne bringen konnten, sondern auch viele andere, ja vielleicht sogar die gesamte Wirtschaft.

Also zwang ich ihn, größer zu denken, seine Chancen als Speaker und Experte zu erkennen und forderte ihn auf, den aus meiner Sicht einzig richtigen Weg des Firmenverkaufs zu gehen. Genau das tat er auch und man konnte sehen, wie er seine Business-Turbos nicht nur predigte, sondern selbst umsetzte. Mittlerweile hilft er Menschen und Unternehmen dabei, erfolgreich zu werden, schreibt Bücher, unter anderem mit dem Titel *Business Turbos*, und veranstaltet – wie könnte es

Manchmal ist man lediglich einen Millimeter vom Erfolg entfernt. Meiner Meinung nach viel öfter, als man denkt. Es ist häufig nur eine Stellschraube, eine Kleinigkeit, ein neuer Weg, der all die Bemühungen der Vergangenheit in Lichtgeschwindigkeit in einen Erfolg verwandelt. Das ist auch eine der größten Erkenntnisse meines GOLD-Programms. Ich hatte noch nie einen Teilnehmer in den letzten 20 Jahren, für den es nicht möglich war, den richtigen Frame zu finden. In Zeiten der Digitalisierung und Globalisierung sind die Möglichkeiten und Chancen noch größer geworden. Ich finde, das sind ganz wunderbare Nachrichten!

Das ist die wichtigste Message, die ich dir mehrfach mitgeben will, weil ich inständig hoffe, dass du all das verinnerlichst und beherzigst: **Du musst dich und deine Persönlichkeit nicht ändern. Bleib so, wie du bist und wie du sein magst. Ändere lediglich den Frame, den Kanal, die Art, wie du das kommunizierst. Du bist gut so, wie du bist. Du kannst bleiben, wie du bist – du musst nur noch genau den Rahmen finden, der deinen Wert zeigt und wertschätzt.**

als IT-ler anders sein – Online-Seminare zu seinem Kernthema. Vor sechs Wochen erhielt ich folgende SMS von ihm: »Mega, an einem Tag über 50 000 Euro verdient, gerade erst wieder einen 8000-Euro-Deal gemacht. Freue mich sehr und ärgere mich, dass ich das nicht früher gemacht habe!«

Ich bin davon überzeugt, dass wir in unserem Leben immer wieder einen Rollenwechsel vornehmen dürfen und manchmal sogar müssen, wenn wir uns weiter verbessern oder uns nicht mit dem Minimum zufriedengeben wollen. Das nennt sich auch persönliche Weiterentwicklung. Nie sind wir nur Meister und sollten auch nie nur Schüler sein, sondern wir wechseln häufig zwischen diesen Rollen.

Meine Hacks: Strategien, Irrtümer und Chancen des Frame-Wechsels

Hack 16 Wer seine Selbstwirksamkeitsüberzeugung schärft, entwickelt ein neues Werteverständnis

Das, was Lisa Reinheimer mit der Selbstwirksamkeit im Hinblick auf die Schulkinder beschreibt, ist eines der wichtigsten Prinzipien im Leben. Dieses Prinzip ist auch entscheidend, wenn es darum geht, einen eigenen Frame aufzubauen. **Wir alle brauchen das Gefühl der Selbstwirksamkeit oder besser: eine ausgeprägte Selbstwirksamkeitsüberzeugung.** Aber was genau besagt dieses psychologische Prinzip? Ganz einfach: Wir erreichen die größten Fortschritte immer dann, wenn wir etwas selbst tun, dies irgendwann so gut tun, dass wir damit wirksam sind, und nicht nur die gewünschten Ergebnisse erzielen, sondern – und das ist entscheidend – die Überzeugung gewinnen, dass wir selbst wirksam sind.[19]

Der erste Schritt besteht also darin, *selbst* etwas zu tun. Sobald wir die Dinge selbst in die Hand nehmen, folgt der zweite Schritt: Wir erkennen, dass wir wirksam sind, dass wir etwas bewirken, in Gang setzen. Diese erlebte Wirksamkeit muss nicht zwangsläufig in einem Erfolg bestehen. Es genügt, wenn wir den Zusammenhang zwischen Ursache und Wirkung, den Unterschied zwischen Tun und Unterlassen sehen. Konkret heißt das: Wir gehen einige wenige Schritte, sodass wir unsere Wirksamkeit oder auch manchmal unsere Unwirksamkeit spüren und erkennen. Schritt für Schritt lernen wir immer mehr dazu. Nach und nach entwickeln wir eine Selbstwirksamkeitsüberzeugung, mit deren Hilfe wir aktiv unseren Rahmen gestalten können.

Startrampe Ebay

Als die Auktionsplattform Ebay aufkam, nutzten viele Menschen diese Plattform, um sich von altem Krempel zu befreien, etwa die alten Bierkrüge, die auf dem obersten Kellerregal seit vielen Jahren verstaubten, diverse Erbstücke und Nippes von der Großmutter und mehr oder weniger kostbare Fundstücke vom Dachboden. In der Regel waren das Leute, die einfach ausmisten wollten und es irgendwie nicht übers Herz brachten, all den Krempel einfach lieblos wegzuschmeißen. Und nun gab es eine simple digitale Möglichkeit, sich mit dem Krimskrams den einen oder anderen Euro dazuzuverdienen. Also, warum nicht?

Ich bin mir sicher, dass viele dieser Menschen völlig unbeabsichtigt damit ihre Selbstwirksamkeitsüberzeugung wesentlich gestärkt haben. Sie merkten, dass sie mit ein wenig Zeit und Geduld etwas erreichen konnten: nämlich Dinge verkaufen und damit Umsätze generieren. Daraus sind sogar kleine und größere Unternehmen entstanden. Menschen, die eigentlich Lichtjahre davon entfernt waren, ein eigenes Unternehmen zu gründen oder professioneller Verkäufer zu werden, wechselten ihren Frame und waren urplötzlich Geschäftsleute. Und das alles wegen eines alten Bierkrugs oder Omas Porzellan-Kaffeeservice. Großartig!

Nichts ist für dein berufliches Vorankommen hilfreicher als die Verbesserung deiner Selbstwirksamkeitsüberzeugung. Damit kannst du fast alles erreichen. Sobald du dir deiner Wirksamkeit bewusst bist, wirst du merken, dass deine Fähigkeiten auch auf andere Bereiche übertragbar sind. Und: Du wirst erkennen, dass du von anderen völlig anders wahrgenommen wirst. Wer einmal eine Firma erfolgreich geleitet hat, dem wird zugetraut, dass er das auch in anderen Branchen und Bereichen schafft. Genau das beweist die Wirtschaft jeden Tag. Tagtäglich werden erfolgreiche Unternehmer und Manager abgeworben, um in anderen Unternehmen, Branchen, Regionen oder Bereichen ihre Selbstwirksamkeit unter Beweis zu stellen. Manche gehen auch in die Politik, werden zum Beispiel Bürgermeister. Ich habe schon viele Wirtschaftsgrößen erlebt, die in der Politik für außergewöhnliche Lösungen gesorgt haben (aber zugegeben noch keinen Politiker, der in der Wirtschaft etwas bewegt hätte).

Früh übt sich

»Unternehmer werden beim Frühstück gemacht!« Diesen Spruch habe ich lange nicht so recht verstanden. Eigentlich denkt man, dass man »Unternehmertum« irgendwie lernt, lernen kann oder zumindest lernen sollte. Doch als ich intensiv darüber nachdachte, stellte ich fest, wie sehr ich unbewusst geprägt wurde durch die unternehmerischen Entscheidungen, die meine Eltern trafen – allerdings nicht nur am Frühstückstisch, sondern auch mittags und abends. Meinem achtjährigen Sohn geht es wohl ähnlich wie mir damals. Eines Tages wollte er genauer wissen, was mein Team und ich eigentlich machten. Ich erklärte ihm, dass wir Seminare veranstalteten und die Teilnahme erst mal verkauft werden müsste. Nach einiger Zeit kam er mit dem Wunsch zu mir, bei unseren Veranstaltungen selbst etwas zu verkaufen. Er hatte sogar schon eine Idee: Am liebsten würde er Seifen verkaufen. Denn Hände müssten sich die Menschen ja immer waschen – insbesondere in Corona-Zeiten. Mein Sohn hatte sich überlegt, dass er am Abschlussabend einen Verkaufsstand aufstellen könnte. Offen gestanden war ich ein wenig skeptisch. Ich wollte meinen Sohn weder in die Richtung drängen noch irgendwie ausnutzen, um Umsätze zu generieren. So etwas kann ja schnell einen faden Beigeschmack bekommen. Andererseits wollte ich seine ureigenen Ambitionen auf gar keinen Fall beschränken. Also stimmte ich nach einiger Überlegung zu. Gemeinsam mit ihm bestellte ich einige Seifen. Zudem half ich ihm, einen kleinen Tisch mit seiner Seifen-Kollektion aufzubauen.

Der große Gala-Abend war gekommen. Nach meinen Schlussworten kündigte ich meinen Sohn kurz an: »Mein Sohn Ben möchte uns gerne im beruflichen Sinne nacheifern und hat am Eingang einen kleinen Seifenstand aufgebaut.« Einerseits wollte ich ihn bestmöglich in seinem Vorhaben unterstützen. Andererseits wollte ich klarstellen, dass wir ihn nicht irgendwie manipuliert hatten oder ihn im schlimmsten Fall nötigten, um die Seifen loszuwerden. Also sagte ich der Gruppe, dass ich die Umsätze, die er mit den Seifen erwirtschaftete, mit dem Faktor zehn multiplizieren und diese Summe für einen wohltätigen Zweck spenden würde.

Mich traf fast der Schlag, als ich erfuhr, wie viel Ben in weniger als 100 Minuten eingenommen hatte: Über 1500 Euro präsentierte er mir stolz! Ich wusste gar nicht, wie ich damit umgehen sollte, dass mein Achtjähriger plötzlich so viel Geld hatte. Wir würden noch ein ernstes Wörtchen über die Verwendung der Einnahmen reden müssen. Das sagte ich ihm gleich. Für mich bedeutete das natürlich, dass ich meine Verpflichtung zu erfüllen hatte, 15 000 Euro für einen wohltätigen Zweck zu spenden. Was ich nur zu gerne tat.

Seither verkauft Ben bei jedem Gala-Abend diverse Kollektionen von Seifen, Büchern und Kalendern – was sein Sparschwein ordentlich füllt und meine Spendenausgaben ganz schön in die Höhe treibt. Aber nicht nur die Einnahmen steigen, sondern – und das ist mir noch viel wichtiger – seine Selbstwirksamkeitsüberzeugung. Das wird ihm auf seinem zukünftigen Lebensweg enorm weiterhelfen, egal wohin es ihn einmal verschlagen sollte und welche Herausforderungen auf ihn warten.

Die Selbstwirksamkeitsüberzeugung ist das größte Geschenk, das wir uns, unseren Mitmenschen und erst recht unseren Kindern mitgeben können. Denn sie hilft uns in vielen Lebenslagen – unter anderem auch bei der Identifizierung unseres passenden Rahmens. Dabei gilt: **Dein Rahmen darf und muss mit dir wachsen.** Es ist nahezu unmöglich, von dem einen Rahmen in den anderen Frame zu springen oder sofort von einer Größe in die nächste überzugehen. Vielmehr sind es fließende Übergänge, die immer dann – und vor allen Dingen immer besser und schneller – gelingen, wenn die Selbstwirksamkeitsüberzeugung am Werk ist.

Wie ist es bei dir: **Empfindest du dein Tun allgemein als wirksam?** In welchen Bereichen hättest du gerne mehr Einfluss oder Kontrolle? Wie könntest du deine Selbstwirksamkeit stärken?

Hack 17 Qualität ohne Sicherheit findet nicht statt

Ein Muster hat mich über Jahre hinweg geprägt: Mein halbes Leben lang glaubte ich, dass sich gute Qualität *immer* durchsetzt. Dann gab es einen Moment, an den ich mich bis heute erinnern kann, als wäre es gestern gewesen: Ich saß bei einer Veranstaltung im Publikum und jemand, der mit mir in einer Ausbildung war und der – das darf ich bei aller Bescheidenheit zum Ausdruck bringen – noch nicht so weit war wie ich, stand urplötzlich auf der Bühne. Und ich? Ich musste auf den billigen Plätzen rumsitzen und durfte nur zuschauen! Ich wurde einfach so von ihm überholt, obwohl ich es nachweislich besser gekonnt hätte. Seitdem glaube ich nicht mehr hundertprozentig an die Macht der Qualität. Natürlich brauchen wir eine gewisse Qualität. Qualität ist die Eintrittskarte in den Markt. Aber Qualität allein reicht nicht aus. An diesem Tag habe ich meinen Glaubenssatz »Qualität setzt sich immer durch« ersetzt. Mein neuer Glaubenssatz lautet: **»Qualität ohne Sichtbarkeit findet nicht statt!«** Und mit Qualität meine ich jede Art von Qualität – egal ob es um die Produkt-, Darreichungs-, Dienstleistungs- oder Kompetenzqualität geht.

Kurze Zwischenfrage: Hast du heute morgen deinen Rock, deine Hose oder deine Jacke mit einem Reißverschluss geschlossen? Super! Dann weißt du bestimmt, wie so ein Reißverschluss funktioniert. Ohne dir zu nahe treten zu wollen: Wenn du gerade inbrünstig »Ja« gerufen hast, unterliegst du unter Umständen einer Selbstüberschätzung. Denn das mit den Kompetenzen und vor allem mit deren realistischer Einschätzung ist nachweislich eine ziemlich knifflige Sache. Das zeigt auch das Experiment der Kognitionsforscher Steven Sloman und Philipp Fernbach an der Universität of Colorado.[20] Im Zuge dieses Experiments sollten die Probanden einschätzen, wie gut sie über einen gewöhnlichen Reißverschluss Bescheid wussten. Die meisten behaupteten, dass sie die Funktionsweise gut verstehen würden. So ein Reißverschluss sei ja ein Gegenstand des täglichen Gebrauchs. Daraufhin wurden sie gebeten, so detailliert wie möglich zu beschreiben, was genau in einem Reißverschluss bei dessen Bedienung passiert. Das Ergebnis: Die meisten hatten keinen blassen Schimmer. Das heißt: Wir glauben, dass wir sehr viel wissen, auch wenn das gar nicht der Fall ist. Dieses Phänomen wird als »Wissensillusion« bezeichnet.

Ein weiteres vielsagendes Phänomen ist der »Dunning-Kruger-Effekt«, eine kognitive Verzerrung, benannt nach David Dunning und Justin Kruger, die an der Cornell University eine Studie durchführten.[21] Im Mittelpunkt der Studie stand die Frage: Können Menschen ihre eigenen Fähigkeiten tatsächlich korrekt einschätzen? Was soll ich dir sagen – oft sieht es nicht gut aus. Salopp formuliert: Je weniger Sach- oder Fachkompetenz jemand besitzt, desto eher neigt er dazu, seine Fähigkeiten maßlos zu überschätzen. Doch damit nicht genug. Die Abwärtsspirale kommt gerade erst in Gang: Diese Leute können nicht mal erkennen, wie sehr sie sich mit ihrer Einschätzung irren. Deswegen lernen sie auch kaum dazu. Sie eignen sich also keine weiteren Kompetenzen an. Denn in ihren Augen sind sie ja schon superkompetent. Und während sie ihre eigenen Kompetenzen überschätzen, neigen sie gleichzeitig dazu, die Fähigkeiten ihrer Mitmenschen zu unterschätzen.

Beispiele aus dem Alltag gefällig? Denk doch mal an eine Gruppensportart: Wie viele Diskussionen hast du schon mitbekommen, bei denen sich die Fans für schlauer, taktisch klüger und strategisch gewitzter hielten als der Trainer, die Co-Trainer und die Profispieler zusammen? Oder wie wär's mit den vielen Besserwissern in der Corona-Pandemie, die glaubten, viel mehr Ahnung zu haben als Virologen und andere Experten? Im Grunde kannst du jedes x-beliebige Thema nehmen. Es läuft immer auf das Gleiche hinaus: Unqualifizierte und weniger intelligente Menschen glauben eher, sich in was auch immer extrem gut auszukennen. Wohingegen hochqualifizierte und überdurchschnittliche intelligente Menschen viel eher dazu neigen, an sich selbst und ihren Fähigkeiten zu zweifeln. Auch für dieses Phänomen gibt es natürlich einen passenden Fachbegriff: »Impostor-Syndrom«.[22]

Hand aufs Herz: Wie oft bist du schon unfair überholt worden, obwohl du mehr gewusst, mehr geleistet oder mehr geschuftet hast als alle anderen? Wie oft standen andere da, wo du selbst hättest stehen sollen? Wie oft haben andere einen Auftrag an Land gezogen, denn du selbst viel besser erfüllt hättest?

Die Welt ist nicht gerecht. Die Entscheidungen von Entscheidern sind nicht gerecht. Doch: **Das Blatt kann sich zu deinen Gunsten ändern – mithilfe des richtigen Frames.** Deshalb bist jetzt du dran!

Hack 18 Hoffen, ohne zu handeln, ist sinnlos

Tony Robbins gilt als einer der erfolgreichsten Trainer, Speaker, Veranstalter weltweit. Und ich bemerke gerade den Euphemismus in meiner Formulierung: Er gilt nicht nur als solcher, er *ist* es definitiv. Zumindest wenn man Umsätze als Messgröße nimmt. Ich liebe es, Zahlen als Messgröße zu verwenden. Der Umsatz ist für mich eine Zahl, die den Ausdruck der Begehrlichkeit, der Sexyness dokumentiert. Wenn Produkte oder Dienstleistungen beliebt und begehrt sind, entsteht eine große Nachfrage. In der Regel erhöht die große Nachfrage dann den Preis und zahlt somit auf die folgende Formel ein:

Anzahl der Nachfrage des Produkts × Preis = Umsatz

Natürlich sagt der Umsatz allein noch nichts über die Rentabilität, über den Gewinn eines Unternehmens aus. Doch er liefert wichtige Anhaltspunkte dazu, ob die Produkte oder Dienstleistungen begehrt sind.

Aber was ist nun der Schlüssel zum Erfolg von Tony Robbins? Er kann in seiner unnachahmlichen Art vielen Menschen etwas unglaublich Wichtiges mit auf den Weg geben: *Hoffnung*. Den Glauben daran, aus dem heutigen Ist-Zustand in einen besseren Soll-Zustand zu gelangen. Das eigene Leben ein wenig schöner, glücklicher, selbstbestimmter gestalten zu können. In der Lage zu sein, Verantwortung für sich, seine Wünsche, Pläne und Ziele zu übernehmen und letzten Endes das zu tun, wovon wir alle träumen: Ein Meisterwerk aus unserem Leben zu machen.

Hoffnung wird laut Wikipedia wie folgt definiert: »… eine zuversichtliche innerliche Ausrichtung, gepaart mit einer positiven Erwartungshaltung, dass etwas Wünschenswertes eintreten wird, ohne dass wirkliche Gewissheit darüber besteht.«[23] Dabei ist der letzte Teil dieser Definition entscheidend: Es gibt keine Gewissheit. Wir wissen es nicht sicher. So ist jede Botschaft wie ein kleines Gebet, das in die Werkzeugkiste der Hoffnung greift und uns Momente der Zuversicht, des Trostes und des Tatendrangs beschert und uns das Gefühl gibt, dass sich eben doch etwas ändern kann.

Wo wird Hoffnung sonst noch produziert und propagiert? Genau, in Funk und Fernsehen, in den Medien, auf Social Media, in Hochglanzbroschüren. Aber auch bei zwischenmenschlichen Begegnungen werden Versprechungen gemacht und Aussagen getroffen, die beim Gegenüber Hoffnung aufkeimen lassen können. Und zweifelsohne waren die Tempel, die wir heute Kirche nennen, nicht nur Zufluchtsorte, sondern auch große Institutionen der Hoffnung. Sozusagen die Superspreader für die Hoffnungs- und Heilsversprechen der Botschafter der Wiederauferstehung.

Hoffnung ist das wichtigste Gut der Menschen. Selbst dann, wenn wir eigentlich wissen: **Hoffnung zerstört Handlung.** Damit wir uns nicht falsch verstehen: Ich bin ein großer Freund der Hoffnung. Sie ist der Segen, der uns weitermachen lässt, der uns weiterleben lässt und der uns manchmal besser einschlafen lässt. Doch ich habe schon zu häufig erlebt, dass Menschen ausschließlich auf die Karte der Hoffnung setzten, selbst wenn sie noch andere, viel bessere und erfolgversprechendere Asse im Ärmel hatten. Wie oft habe ich Menschen und Unternehmen scheitern sehen, weil sie die Hoffnung geradezu als Freibrief dafür nutzten, selbst nichts mehr zu tun und auf die Erfolge zu warten, die jedoch leider niemals eintraten. Ich fand, das war ganz klar abzusehen. Doch für viele Betroffene schien es eher überraschend zu kommen.

Hoffnung ohne Handlung ist wie Buchstabensuppe ohne Suppe – da kommt nichts ins Schwimmen. Aber: Ein Funken Hoffnung kann helfen, ins Handeln zu kommen und aktiv zu bleiben!

Hack 19 Skalierbarkeit hilft, Grenzen zu überwinden

Es gibt ganz wenige Menschen in der Speaker-Branche, die Umsätze im zweistelligen Millionenbereich pro Jahr realisieren. Dazu gehören laut meiner ungeprüften Schätzung in alphabetischer Reihenfolge Tobias Beck, Christian Bischoff, Jürgen Höller, Suzanne Grieger-Langer, Dirk Kreuter und meine Wenigkeit. Zweifellos gibt es noch viele andere megaerfolgreiche Speaker, die ich nicht kenne und für deren Weglassen durch meine Unwissenheit ich mich an dieser Stelle entschuldige.

Als Redner ist es kaum möglich, solche Umsätze zu generieren, selbst mit einem Tagessatz von 10 000 Euro. Wenn wir von 200 verkauften Vorträgen pro Jahr ausgehen – und das ist schon eine ganze Menge –, sind wir von diesen Zahlen noch weit entfernt. Möglich wird der Umsatzsprung in den zweistelligen Millionenbereich erst durch den Wechsel vom Redner zum Veranstalter.

Auch ich habe mich dazu entschlossen, meinen Frame entsprechend zu wechseln. Es war nicht so, dass ich bislang erfolglos gewesen wäre. Im Gegenteil: Als Speaker, als One-Man-Show mit Assistentin und Buchhaltung gehörte ich zweifelsohne zu den bestgebuchten Rednern Deutschlands. Kaum ein Tag verging, an dem ich nicht auf einer Bühne eine Keynote-Speech halten durfte. Doch der Rahmenwechsel war nötig, weil ein Redner die Grenzen seiner Skalierbarkeit relativ schnell erreicht und seinen Tagessatz mit Jahrestagen multipliziert. Dagegen hat ein Veranstalter ganz andere Möglichkeiten. Er bekommt zwar kein Honorar, dafür aber die Eintrittspreise pro Ticket. Bei beispielsweise fünf Hallen mit je 2000 Gästen sind das 10 000 Tickets, multipliziert mit dem Ticketpreis. Das Problem: Als Veranstalter war ich nahezu eine Null – oder um es etwas liebevoller auszudrücken: ein Start-up-Unternehmen.

Diese drei Gedanken halfen mir, in Richtung Frame-Wechsel zu denken:

- *Warum sollte ich auf Anlässe warten, bei denen ich eventuell gebucht werden könnte, anstatt selbst solche Anlässe zu schaffen?*
- *Wenn ich bisher im Auftrag anderer Content lieferte, dann konnte ich das doch auch im eigenen Auftrag tun, oder nicht?*
- *Wenn ich als Veranstalter wesentlich mehr Möglichkeiten hätte, warum sollte ich mich dann – nicht nur finanziell – einschränken?*

Egal, ob du Verkostungen machst, Steuererklärungen anfertigst, Produkte anbietest, Menschen fotografierst, Botschaften vermittelst, Multi-Level-Marketing betreibst, Unternehmen berätst oder was auch immer: Du kannst das auch in größerem Stil tun und mit eigenen Veranstaltungen Großes bewirken.

Die Milchmädchenrechnung

Viele machen bei Großveranstaltungen gerne eine Milchmädchenrechnung auf. Bei 2500 Gästen und einem Ticketpreis von 100 Euro ist man schnell verleitet, einfach einen Gesamtumsatz von 250 000 Euro zu kalkulieren. Spätestens dann beginnt bei vielen das Kopfkino: Eine Viertelmillion Euro an einem einzigen Tag, das entspricht ja einem Stundenlohn von über 30 000 Euro! Zusätzliche Einnahmen durch VIP-Plätze, Buchverkäufe und Ähnliches noch gar nicht mitgerechnet! Was für ein Wahnsinn!

Diese Berechnungen sind aber genauso falsch wie die darauf gegründete Hoffnung, in nur zwei Tagen Millionär und in einem halben Jahr Multimillionär zu sein. Das hat mehrere Gründe: Zunächst sind bei diesen Berechnungen weder Mehrwertsteuer noch Einkommensteuer berücksichtigt. Außerdem ist nicht klar, ob die Tickets auch alle wirklich verkauft oder vielleicht verschenkt wurden. Selbst wenn sie verkauft wurden, ist offen, zu welchem Preis – es gibt ja mitunter Rabatt. Darüber hinaus fallen für Veranstaltungen in der Regel ziemlich hohe Werbekosten und Affiliate-Provisionen an. Ganz zu schweigen von den Kosten für Mitarbeiter, Crew-Personal und Technik.

Kurzum: **Die meisten Veranstaltungen kosten mehr Geld als sie einbringen.** Deshalb stellt sich jeder vernünftige Mensch die Frage, warum er eine Veranstaltung durchführen sollte. Was bringt das, wenn der Kontostand danach höchstwahrscheinlich niedriger ist als zuvor? Klar, niemand macht freiwillig und dauerhaft Dinge, die Geld kosten, anstatt Geld einzubringen – zumindest nicht in einem geschäftlichen Rahmen. Liegt das Erfolgsgeheimnis nun darin, Geld zu verschwenden? Die Antwort mag dich jetzt vielleicht überraschen, aber: teilweise ja. Ich sage nur – Affenfaust!

Die Affenfaust-Strategie

Viele Veranstaltungen eignen sich nicht direkt zum Geldverdienen, aber sie erfüllen andere wichtige Zwecke: Wer die Affenfaust-Strategie nutzt, bietet relativ kostengünstige Veranstaltungen an. So können die Teilnehmer den Veranstalter ohne großes Risiko kennenlernen. Sie können sich vom Veranstalter, vom Rahmen, vom Ablauf sowie vom Redner oder auch von mehreren Rednern überzeugen (Stichwort: Vertrauensvorschuss). Doch auch für den Veranstalter bietet die Affenfaust-Strategie viele Vorteile: Er kann beim Publikum Vertrauen aufbauen, die Anwesenden motivieren, inspirieren und begeistern. Im besten Fall kann er – und jetzt kommt das dicke Tau ins Spiel – weitere Produkte oder Dienstleistungen anbieten und verkaufen.

Wenn die Veranstaltung einen Ticketpreis von, sagen wir mal, 100 Euro hat, kann man ein Folge-Event für 3000 Euro anbieten. Plötzlich wandelt sich ein Verlustgeschäft in ein profitables Akquise-Instrument. Selbstverständlich werden nicht alle Teilnehmer zuschlagen. Aber das muss gar nicht sein – auch wenn es natürlich wundervoll und ein Kompliment für den Veranstalter wäre. Es ist schon prima, wenn 10 bis 30 Prozent der Teilnehmer eine Folgeveranstaltung buchen.

Angenommen, eine Veranstaltung hat 2000 Teilnehmer. Sie haben jeweils 100 Euro für ihr Ticket bezahlt. Nun buchen »nur« 20 Prozent eine Folgeveranstaltung für 3000 Euro. Dann kommen zu den bestehenden Einnahmen von 200 000 Euro noch einmal 400 Teilnehmer à 3000 Euro, also 1,2 Millionen Euro, dazu. Bei der Folgeveranstaltung können wiederum andere, noch lukrativere Veranstaltungen angeboten werden. Lass uns auch hier der Einfachheit halber wieder davon ausgehen, dass 20 Prozent der Teilnehmer eine weitere Veranstaltung buchen. Allerdings können wir jetzt einen höheren Ticketpreis ansetzen – sagen wir mal 10 000 Euro. Denn diesmal können ein höheres Vertrauen und ein größerer Nutzen vorausgesetzt werden. So kommen 80 Teilnehmer à 10 000 Euro, also 800 000 Euro, hinzu. Mittlerweile liegen wir schon bei einem Gesamt-Bruttoumsatz von 2,2 Millionen Euro. Da bleibt selbst nach Gegenrechnung der Kosten und Berücksichtigung der Steuern etwas hängen.

Bei unseren Veranstaltungen läuft das tatsächlich so ähnlich. Unsere Kennenlern-Veranstaltung – unsere Affenfaust – liegt bei einem

Eintrittspreis von circa 99 Euro. Tatsächlich dürfen wir uns über eine unglaubliche Quote von über 80 Prozent der Teilnehmer freuen, die nach der Kennenlern-Veranstaltung mit uns die Reise begeistert weitergehen. Viele melden sich für unser GOLD-Programm an. In diesem Programm zeigen wir dann so richtig, was wir können. Die Erwartungen unserer Kunden werden bei weitem übertroffen. Erst kürzlich schrieb ein Teilnehmer auf Proven Expert: »Wenn andere Anbieter das am Ende abliefern, was Sie zu Beginn versprochen haben, dann ist Hermann Scherer die Quadratur des Leistungsversprechens!«

> Es gibt so viele Wege, eine Affenfaust oder etwas Vergleichbares zu gestalten. Das können nicht nur Kennenlern-Veranstaltungen, sondern auch Proben, kostenlose oder günstige Beratungsgespräche, Online-Seminare, Erstgespräche, Kaminabende, Produktvorführungen und vieles mehr sein. **Gib deinen potenziellen Kunden die Möglichkeit, dich und deine Qualität kennenzulernen.** Warte nicht länger. Sonst sind andere schneller als du und deine Kundschaft wandert zur Konkurrenz ab, ohne je von dir gehört zu haben. Mach dich sichtbar!

Hack 20 Wenn das Undenkbare eintritt, helfen nur noch Flexibilität, Kreativität und Mut

Nichts hat mich in meiner über 30-jährigen Berufslaufbahn schneller, härter und vor allem unvorbereiteter getroffen als Covid-19. Das war für mich unvorstellbar. Ich habe lange gebraucht, um das alles zu realisieren. Damals, kurz nach dem Ausbruch, glaubte ich, dass der Erreger innerhalb weniger Wochen, ach was, innerhalb weniger Tage besiegt sein würde. Wir leben ja schließlich in hochmodernen Zeiten. Dieser Wunsch hat sich – du weißt es ebenso gut wie ich – nicht erfüllt. Doch zum damaligen Zeitpunkt konnte niemand das unglaubliche Ausmaß der Beeinträchtigungen, die Covid-19 mit sich bringen würde, erahnen. Wir waren also erst mal noch guter Dinge.

2019 hatten wir fleißig unzählige Vorbereitungen getroffen, um im nächsten Jahr mit unserer großen Roadshow quer durch Deutschland durchzustarten. Fünf Hallen mit jeweils knapp 2000 Teilnehmern und einige kleinere Hallen waren Anfang 2020 nahezu ausverkauft. Die erste Veranstaltung fand zum Weltfrauentag am 8. März 2020 in Wiesbaden statt. Allein die Technikkosten beliefen sich auf über 70 000 Euro, genauso wie bei den kommenden Auftritten in Hamburg, Berlin, München und einigen weiteren Städten. Doch eine beträchtliche Anzahl der angemeldeten Teilnehmer kam aus Angst und Verunsicherung wegen Covid-19 nicht zu der Veranstaltung. Ich musste von der Bühne aus auf viele freie Sitzplätze schauen. Was für ein Alptraum!

Aber es sollte noch viel schlimmer kommen. Alle anderen Veranstaltungen mit knapp 20 000 verkauften Tickets mussten wir aufgrund des Lockdowns stornieren, ausbezahlen oder bis heute (!) auf eine Wiederholung hoffen. Noch dazu musste ich meine jährliche Reise mit über 200 Teilnehmern nach New York zur weltberühmten Lee Strasberg Schauspielschule verschieben. Zweimal sogar!

Was kann es für einen Veranstalter Schlimmeres geben als eine Pandemie, deren Ende nicht in Sicht ist? Wenn du keine Veranstaltungen durchführen darfst, ist das vergleichbar mit einem Taucher, der plötzlich ohne Wasser zurechtkommen soll. Das sind Momente, in denen du in depressive Stimmung verfällst und je länger das Ganze andauert, ans Aufgeben denkst. Verständlicherweise. Dennoch ist es uns mit vereinten Kräften gelungen, in diesen turbulenten Zeiten trotz erheblicher Einschränkungen, Veranstaltungsverboten und vielen anderen Hürden zweimal in Folge laut dem Magazin *Focus* und Statista »Wachstumschampion« zu werden – mit durchschnittlichen Umsatzzuwächsen von 66 Prozent im Jahr. Damit zählten wir zum oberen Feld der 500 wachstumsstärksten Unternehmen Deutschlands. Nur durch einen beherzten Switch, einen Rahmenwechsel, konnten wir dieses Ziel erreichen.

Eine Strategie hat uns in Corona-Zeiten im wahrsten Sinne des Wortes den Hintern gerettet – und den Weg geebnet für unseren Frame-Wechsel. Wir haben uns gefragt: Wie kann man Menschen begeistern, ohne Hotelräume oder gar Hallen zu mieten? Solche Veranstaltungen sind schließlich immer mit großem finanziellem und personellem Aufwand verbunden. Und nicht für jeden ist die große Bühne geeignet. Dank der fortschreitenden Digitalisierung gibt es eine Alternative, die sich für viele Menschen als Plattform eignet: ein *Online-Semina*r – also der Wechsel aus der Präsenzveranstaltung in die digitale Live-Veranstaltung.

> Ich stand Online-Seminaren lange sehr skeptisch gegenüber. Besser gesagt habe ich vor der Pandemie kaum Aufmerksamkeit auf das Thema gelenkt. Ich war mir der Relevanz und auch der Möglichkeit, sich auf diese Weise deutschlandweit oder sogar international für eine Zielgruppe sichtbar zu machen, nicht so recht bewusst. Das war falsch, wie ich mittlerweile erkannt habe. Ich habe das Potenzial von Webinaren eindeutig unterschätzt. Aber wie sagt man so schön: Man lernt nie aus.

Wikipedia schreibt: »Ein Web-Seminar oder Webinar in seiner ursprünglichen Form ist ein Seminar, das über das World Wide Web gehalten wird. Der Neologismus Webinar ist ein Portmanteauwort aus den Wörtern Web (von World Wide Web) und Seminar und ist seit 2003 beim Deutschen Patent- und Markenamt als Wortmarke eingetragen. Inzwischen werden Veranstaltungen der unterschiedlichsten Art, die im virtuellen Klassenzimmer stattfinden, als Webinar bezeichnet.«[24] Als Teilnehmer eines Online-Seminars sieht man sich also keine Aufzeichnung eines Dozenten, wie sie zum Beispiel auf Videoplattformen wie YouTube zu finden ist, an. Vielmehr wird das Online-Seminar live und in Echtzeit über das Internet gestreamt. (Tatsächlich gibt es mittlerweile auch Online-Seminare, die nicht live ausgestrahlt werden. Sie kommen – wie es so schön heißt – »aus der Dose«. Dennoch werden sie manchmal so ausgestrahlt, dass es den Eindruck weckt, als würden sie live stattfinden. Aber das soll uns an dieser Stelle nicht weiter interessieren. Ich erwähne es nur der Vollständigkeit halber.) Die meisten Online-Seminare sind kostenlose Info-Veranstaltungen und zum Abschluss wird häufig etwas zum Kauf angeboten. Es gibt aber auch welche, die gegen ein Entgelt angeboten werden. So habe ich schon an Online-Seminaren teilgenommen, die für einen Obolus von 5 Euro pro Teilnehmer zu haben waren, und andere, die 49 Euro für die Teilnahme verlangt haben.

Im klassischen Sinn ist ein Online-Seminar eine visuelle Einbahnstraße. Eine Veranstaltung, bei der der Referent sicht- und hörbar ist, die Teilnehmer jedoch nicht. Die einzige Kommunikationsmöglichkeit, sofern überhaupt eingeschaltet, ist die Chat-Funktion. Die Dauer einer solchen Veranstaltung kann unterschiedlich ausfallen. Wir führen mittlerweile eine Vielzahl von Veranstaltungen digital und live durch. Zum Beispiel ein Online-Seminar – meist donnerstags, von 19:00 Uhr bis 21:00 Uhr. Unsere Kaminabende, »Friday fire«, wie der Name schon sagt, gibt es freitags ab 19:00 Uhr. Außerdem haben wir noch unsere Zwei-Tages-Veranstaltung namens »Sichtbar« im Programm.

Ein Online-Seminar ist im Grunde eine digitale Affenfaust. Du kannst Teilnehmer dafür gewinnen, deinen Content liefern und im Anschluss weiterführende Online- oder Offline-Seminare, Kurse, Veranstaltungen, Produkte oder Dienstleistungen anbieten. Der Vorteil: Für ein Online-Seminar benötigst du kein Hotel, keinen Beamer und kein Catering. Natürlich entstehen auch dabei einige Kosten. Neben den Werbekosten, um das Online-Seminar zu füllen, fallen Ausgaben für die technische Ausrüstung an. Ob Laptop, Kamera, Mikrofon oder Scheinwerfer: Das Gute ist, dass das Investment eine einmalige Sache ist. Danach hast du deinen digitalen Veranstaltungsort erschaffen. Von dort aus kannst du Menschen begeistern und Umsätze generieren.

Also: **Zu welchen Themen könntest du ein Online-Seminar veranstalten?** Welche Kanäle könntest du nutzen, um möglichst viele Menschen für eine Teilnahme zu begeistern?

➲ **Übrigens:** Damit du richtig durchstarten kannst, findest du am Ende dieses Kapitels einen »Schnelldurchlauf« durch ein Online-Seminar mit vielen praktischen Tipps und Anregungen.

➲ How to: Wie du dir treu bleibst, deinen Platz findest und erfolgreich durchstartest

Erkenne deinen Mangel – und das Vielversprechende darin

Ob zu wenig Beachtung, zu wenig Wertschätzung, zu wenig Liebe oder zu wenig Aufmerksamkeit: All das sind Dinge, die Menschen zutiefst verletzen, manchmal geradezu zerstören und in jedem Fall Narben hinterlassen – zumindest seelische. Und leider gibt es genügend Schicksale, in denen nicht nur seelische, sondern auch körperliche Narben existieren, weil jemand misshandelt oder missbraucht wurde, sich selbst Verletzungen zugefügt hat oder schwere Krankheiten überwinden musste.

Ich habe gelernt: **Jeder von uns hat seine persönlichen Täler im Leben zu durchkämmen. Doch das kann auch Gutes bewirken!** Das erlebe ich immer hautnah, wenn wir in Europa und in den USA den »Speaker-Slam« durchführen. Bei dieser Veranstaltung stehen Unternehmer, Speaker, Botschafter, Protagonisten auf der Bühne und erzählen, was sie tun. Wenn man die Reden analysiert, wird schnell klar, dass die meisten Teilnehmer darüber sprechen, was ihnen Schmerzen oder Sorgen bereitet und Narben bei ihnen hinterlassen hat. Sie tragen ihre persönliche Botschaft in die Welt, um anderen zu zeigen, wie sie diese Schmerzen, Sorgen oder Narben vermeiden, lindern oder heilen können. Es ist unglaublich, mit welcher Inbrunst, Leidenschaft und tiefen Verletztheit diese Menschen auf der Bühne stehen. Wenn ich sehe und spüre, mit welcher Passion, mit welcher Energie, mit welchem Nachdruck sie ihre Botschaft regelrecht herausschreien, um der Menschheit zu helfen, dann scheint mir das eines der größten Geschäftsmodelle der Zukunft zu sein.

Noch nie hat sich die Menschheit so viel Gedanken über Wertschätzung, Liebe, Selbstliebe, Dankbarkeit, Demut und Achtsamkeit machen können und dürfen, wie in diesem Jahrhundert. Für unsere Vorfahren zählte nur das nackte Überleben, unabhängig davon, wie viele Narben man abbekommen hatte oder nicht. Doch heute steht – zumindest in vielen Regionen der Welt – das Leben im Vordergrund. Und das wollen wir selbst gestalten. Wir leben in einer Gesellschaft, die über Selbstoptimierung nicht nur nachdenkt und spricht, sondern sie täglich in irgendeiner Art und Weise umzusetzen versucht. Und noch nie war unser Wunsch, unsere Sehnsucht so groß, unsere Narben – im wörtlichen und übertragenen Sinn – zu heilen.

Unsere tiefen *Sehnsüchte* entstehen aus einem Mangel heraus. Diese Sehnsüchte sind die Hauptantriebsfeder für viele Geschäftsideen, auch wenn uns das nicht immer bewusst ist. Hier tut sich ein riesiger Markt auf. Denn die Wirtschaft floriert, weil sie vielerlei Probleme löst, Mängel beseitigt und damit unsere »Narben« pflegt. Wobei sie uns so manches Mal auch vermeintliche Probleme suggeriert, für die sie natürlich eine passende Lösung bereithält – gegen ein entsprechendes Entgelt versteht sich.

Hätten wir keinen Mangel, würden wir nichts kaufen. So einfach ist das. Und die Industrie ist geschickt darin, Kaufanreize zu schaffen und Bedürfnisse heraufzubeschwören, die wir dann befriedigen wollen. Das bedeutet aber auch: Die Wirtschaft tut im Grunde nichts anderes, als Probleme zu lösen. Je größer das Problem, desto höher sind die Kaufbereitschaft, die Kaufgeschwindigkeit und der Kaufpreis. So hat Artur Fischer einst seinen berühmten Dübel erfunden, weil er es leid war, nichts vernünftig an der Wand aufhängen zu können. Das war sein Mangel, seine »Narbe«. Nehmen wir als aktuelleres Beispiel die Biontech-Gründer, die durch den Mangel an einem Impfstoff während der Corona-Pandemie zu Milliardären wurden. Das sind nur zwei Beispiele, die zeigen: Wirtschaftsunternehmen sind vor allem dann hervorragend aufgestellt, wenn sie einen Mangel lösen.

Der Mangel – die Narbe – ist genau das, was uns befähigt, Geschäfte zu machen. Je mehr Probleme wir erkennen, desto eher sind wir in der Lage, durch deren Lösung nicht nur Wertschätzung, sondern auch die Wertschöpfung zu bekommen. Ich sage immer gern: **Es macht Sinn, wie ein Problemtrüffelschwein durch die Welt zu rennen.** Denn es gibt nach wie vor viele ungelöste Probleme und damit einen entsprechenden Markt für ein neues Produkt, einen neuen Dienstleistungsservice oder ein neues Unternehmen. Wir entwickeln Produkte, weil wir einen Mangel beheben wollen. Wir bieten Dienstleistungen an, um einen Missstand auszumerzen. Wir gründen Unternehmen, um ein bestimmtes Problem zu lösen. Wir treiben unsere Karriere voran, um eine Sehnsucht zu stillen. Oder wir ziehen uns ins Private zurück –

aus den genannten Gründen: Narben, Verletzungen, Mangel. Jeder auf seine Art.

Welche Narben hast du? Was könntest du tun, um eine Linderung oder sogar eine Heilung einzuleiten? Kümmere dich darum, heile deine Seele. Denk aber auch daran, dass unsere Mängel in irgendeiner Art und Weise immer vorhanden sein werden, weil sie schlichtweg zu uns als fehlbare Wesen gehören. Das heißt: Irgendwann ist es an der Zeit, den Tunnelblick auf unsere Mängel zu weiten und von uns selbst wegzulenken. **Wir müssen den Fokus darauf richten, was wir der Menschheit, der Wirtschaft und der Welt mitgeben können, um diese ein wenig besser zu machen.**

Die Schlussfolgerung ist simpel: Überleg dir, welchen Mangel du auf deine ganz persönliche Weise lösen kannst. Wie könnte diese Lösung genau aussehen? Und dann musst du mit deiner Lösung raus. Du musst sichtbar werden. Wie kann das in deinem Fall am besten gelingen?

Lass die Sackgasse der Unsichtbarkeit hinter dir

Wie bereits erwähnt, ist Qualität heutzutage kein alles entscheidendes Merkmal mehr. Selbstverständlich ist sie wichtig, im Grunde wird sie aber schon vorausgesetzt. Wenn wir dies als gegeben ansehen, stellt sich die viel wichtigere Frage, die über Erfolg oder Misserfolg entscheidet: Ist deine Qualität auch sichtbar? Denn was nützt die beste Qualität, wenn sie nicht gesehen, erkannt und letztlich gekauft wird?

Meine Erfahrung ist: Die meisten Leute haben kein Qualitätsproblem. Und selbst wenn sie eines hätten, so wäre dieses Problem relativ leicht zu lösen: Unzureichende Qualität kann man verbessern, genauso wie man sich Kompetenzen oder Wissen aneignen kann. **Die meisten Leute haben ganz klar ein Sichtbarkeitsproblem, weil ihr Frame noch nicht passt.** Was nützt es, großartig zu sein, wenn niemand es weiß? Und was nützt es, besser zu sein als andere, wenn die anderen sich trotzdem besser verkaufen können?

Erschwerend kommt hinzu, dass die meisten Menschen, die in der Sichtbarkeitssackgasse stecken, das Problem falsch analysieren: Sie glauben, dass sie immer noch nicht gut genug seien und fügen dem Dschungel von Diplomen noch weitere hinzu. Mit jeder Weiterbildung wissen wir, dass wir nichts wissen. Umso mehr wir lernen, umso mehr erkennen wir, dass immer noch Wissen fehlt. Und so beginnt der Teufelskreis der Weiterbildungen. Das Ergebnis? Die Menschen haben sich noch mehr Wissen und Kompetenzen angeeignet – was per se natürlich nicht schlecht ist. Doch sie sind nach wie vor nicht in der Lage, dieses Wissen an andere weiterzugeben, um damit Geld zu verdienen, ihren Lebensunterhalt zu bestreiten und sich eine erfolgreiche Zukunft aufzubauen.

Achtung, es gilt nun zwei Hürden zu meistern! Die erste besteht darin, den Mut zu haben, überhaupt sichtbar zu werden, sich zu zeigen. Viele haben allein damit schon die allergrößte Mühe, weil sie jede Menge Schranken, Zweifel und Grenzen in ihren Köpfen und Herzen tragen. Sie fühlen sich noch nicht klug genug, schön genug, ausgebildet genug, schlank genug, kompetent genug …

Zugegeben, die erste Hürde ist schon eine ziemliche Herausforderung. Dennoch genügt es nicht, wenn du sie meisterst: **Sichtbarkeit allein bringt nichts.** Was nützt es, sichtbar zu sein, wenn danach nichts kommt? Kein Auftrag, kein Umsatz, kein nächster Schritt. Und hier sind wir bei Hürde Nummer zwei: **Du brauchst zusätzlich zur Sichtbarkeit ein konkretes, für deine Zielgruppe verlockendes Angebot.**

Veranstalte ein Online-Seminar

In Hack 20 habe ich dir ja schon gesagt, wie wichtig und wertvoll Online-Seminare sein können. Vielleicht spielst du jetzt ja auch mit dem Gedanken, künftig Online-Seminare oder -Vorträge anzubieten, weil das zu deinem Frame passt. Eventuell hast du sogar schon ein paar tolle Ideen zum Inhalt. Damit du direkt durchstarten kannst, kommt hier ein Schnelldurchlauf durch ein Online-Seminar – gespickt mit praktischen Tipps und Anregungen.

➲ Schnelldurchlauf durch ein Online-Seminar

Vorbereitungsphase: Bevor es überhaupt losgeht

Bevor du mit einem Online-Seminar durchstarten kannst, musst du einige Vorkehrungen treffen. Du musst dir zunächst einen Anbieter aussuchen. Meine Online-Seminare führe ich über webinarjam.com durch. Es gibt aber eine Vielzahl weiterer Dienstleister. Eine Liste findest Du über den QR-Code auf Seite 189 in diesem Buch.

Teilnehmer gewinne ich, indem ich sie über meinen Newsletter einlade. Und, denn das ist ja die Gretchenfrage, die Adressen für den Newsletter bekomme ich über diverse Aktionen: Zum einen benutze ich bestehende Adressen. Darüber hinaus gewinne ich Adressen über meine Social-Media-Profile, über Google Alerts, diverse Foren und Gruppen. Die meisten Adressen bekomme ich, indem ich sogenannte Freebies, das sind kleine Geschenke, wie Umfragen, Checklisten oder Sonstiges, gegen eine E-Mail-Adresse kostenlos zur Verfügung stelle. Mein Hauptadressbringer sind »Free+Shipping«-Produkte. In meinem Fall sind das meistens Bücher oder Plakate, die ich gegen Versandkostenbeteiligung verschenke und versende. Die Bewerbung des Webinars (Achtung, der Begriff ist markenrechtlich geschützt!), also des Online-Vortrags startet meist zwei Wochen vorher.

Begrüßungs-Screen: Kurz bevor es losgeht

Ungefähr 5 bis 10 Minuten vor Beginn deiner Online-Veranstaltung sollte ein Begrüßungs-Screen zu sehen sein, mit einem Spruch wie: »Es geht gleich los – wir sehen uns!« In der Zwischenzeit bringe ich mich noch einmal richtig in Stimmung, um nicht nur die Inhalte, sondern auch positive Energie zu vermitteln. Ob Atemübungen, Entspannungstechniken oder ein kurzer Tanz zu deiner Lieblingsmusik: Mach, was dir dabei hilft, entspannt und gut gelaunt loszulegen. Deine Kamera und dein Mikro sind ja noch nicht eingeschaltet. Was auch immer du tust – behalte dabei unbedingt die Uhr im Blick. Schließlich willst du ja nicht den Beginn deines eigenen Online-Seminars verpassen!

Smalltalk-Phase: Sobald es pünktlich losgegangen ist

Dass du pünktlich starten solltest, versteht sich von selbst. Allerdings solltest du in den ersten Minuten noch keinen wesentlichen Content liefern. Der Grund ist simpel: Einige Teilnehmer schalten sich erfahrungsgemäß nicht pünktlich zu. Weil sie den Start einfach verbummeln, sich noch einen Kaffee machen, der Postbote klingelt oder es irgendwelche technischen Schwierigkeiten beim Log-in gibt. Was auch immer: Rechne grundsätzlich mit leichten Verzögerungen zu Beginn und gestalte die ersten Minuten allgemeiner. Fang mit ein bisschen Smalltalk an, begrüße dein Publikum und mach einen kurzen Technik-Check: »Könnt ihr mich gut hören? Könnt ihr mich alle sehen?«

Wenn du die Chat-Funktion freigeschaltet hast, solltest du auch darauf verweisen und den Teilnehmern sagen, dass sie dich darüber erreichen und dir Fragen stellen können. Bezieh dein Publikum von Anfang an direkt mit ein. Bitte die Leute, in den Chat zu schreiben, von wo aus sie sich zugeschaltet haben. Du kannst dann direkt ein paar Nachrichten vorlesen: »Hallo aus Dortmund, ein Hallo aus München und dem Süden Deutschlands – und sogar aus Spanien sind offenbar ein paar von euch dabei. Ich freue mich, dass ihr alle da seid!«

> Wie am Anfang dieses Buches schon erwähnt, duze ich meine Kunden. Und wie ist es bei dir? Duzen oder siezen? Diese Entscheidung solltest du natürlich nicht erst im Online-Seminar treffen, sondern schon viel früher – nämlich bei der Anrede auf der Webseite, auf Social Media und in den Einladungs-Mails. Wie du das handhabst, kommt auf deine Zielgruppe an.

Die Smalltalk-Phase dauert bei mir in der Regel nicht länger als fünf Minuten. Das ist eine Zeitspanne, die ich für vertretbar halte, bis alle startklar sind. Ich gebe in dieser Zeit noch den Hinweis, dass sich die Teilnehmer gerne etwas zum Trinken bereitstellen können. Zudem sage ich ihnen, ob sie etwas zum Schreiben brauchen oder irgendwelche anderen Utensilien. Viel länger als fünf Minuten solltest du nicht warten. Sonst fragen sich die ersten Teilnehmer, ob irgendwann noch Content kommt oder die Veranstaltung reine Zeitverschwendung ist. Und: Wer bis jetzt noch nicht zugeschaltet ist, kommt vermutlich auch nicht mehr.

Wichtig ist, dass du zum Abschluss dieser kurzen Einstimmung ein klares Nutzenversprechen formulierst. Stell klar, wie lang dein Online-Seminar dauern wird und was die Leute erwarten können. Bei meinen Online-Seminaren zur Erhöhung der Sichtbarkeit klingt das beispielsweise so: »In der nächsten Stunde wirst du erfahren, wie du mehr Sichtbarkeit in deinem Markt bekommst, wie du ein Leuchtturm in deiner Branche, deiner Region oder in deiner Nische wirst, einen Marken-Magnetismus erzeugst und wie du das verdienst, was du wert bist, und den Logenplatz im Kundenkopf eroberst.«

Wie lautet das Nutzenversprechen, das du den Teilnehmern deines Online-Seminars in Aussicht stellen willst? Formulier es kurz und knapp, aber präzise. Teste verschiedene Formulierungen, bis du diejenige hast, die du am besten findest.

Content-Phase: Wenn es voll zur Sache geht

Ab jetzt dreht sich alles um deinen Content – um den Inhalt deines Online-Seminars. An dieser Stelle gebe ich dir ein paar Grundregeln mit. Sie haben mir sehr geholfen, das Medium Online-Seminar und auch die Teilnehmer besser zu verstehen. Dadurch konnte ich meine Online-Seminare wesentlich zielgerichteter gestalten:

1. Übertreib es nicht mit dem Content

Reiner Content kann für die Teilnehmer ziemlich anstrengend sein. Darum empfehle ich dir, den geplanten Content von vornherein um rund 50 Prozent zu reduzieren. Die Erklärung ist simpel: **Die Aufmerk-**

samkeitsspanne des Menschen ist nicht unendlich. Auch wenn sich die Leute intensiv mit den Inhalten beschäftigen, verlieren sie irgendwann den Fokus und lassen sich von irgendetwas ablenken. Daneben gibt es eine Vielzahl von Menschen, die an Online-Veranstaltungen über ein Second Device teilnehmen und nebenbei am Computer arbeiten, Nachrichten schreiben oder mit etwas ganz anderem beschäftigt sind, das ihre Aufmerksamkeit beansprucht. Meine Frau gehört zu dieser Kategorie. Ich habe ihr extra einen großen Fernseher besorgt, den man drehen und schieben kann, damit sie sich beim Kochen oder Gemüseschnippeln Online-Seminare ansehen kann. Logischerweise ist sie in dieser Zeit nicht immer hundertprozentig auf die Inhalte fokussiert.

2. Mach dich interessant

Um die Gemüseschnippler und Nachrichtenschreiber mental wieder zu dir zu holen, brauchst du Aufmerksamkeits-Catcher. Sie liefern keinen Content, sondern sorgen für Abwechslung und Spaß. Ich zum Beispiel habe eine kleine Plüschfigur, der ich meine Stimme gebe und die dann urplötzlich zu reden beginnt und sich ungefragt ins Geschehen einmischt. Oder ich beuge mich mal zur Kamera vor und frage: »Seid ihr noch da? Haaaallllooooo …« **Denk dir deine eigenen Aufmerksamkeits-Catcher aus, lass deiner Kreativität freien Lauf.** Es macht nichts, wenn sie vollkommen sinnfrei sind. Aufmerksamkeits-Catcher müssen nur eine wichtige Aufgabe erfüllen: den Fokus der Teilnehmer wieder auf das Online-Seminar und deinen Content lenken.

3. Verwandle dein Online-Seminar in einen Hollywood-Film

Ein gutes Online-Seminar sollte so spannend wie ein Hollywood-Film sein. Meine Empfehlung für dich: **Werte deine Online-Seminare durch Heldenreisen auf.** Wie das geht? Ich bringe Beispiele von Teilnehmern, die das, was ich als Nutzen vermitteln und anbieten will, schon erreicht haben. Dabei schildere ich, wie sie durch tiefe Täler gegangen sind, so einige Hürden bravourös gemeistert und letzten Endes ihr Ziel erreicht haben. Also so ähnlich, wie ich es in diesem Buch mit den Fallbeispielen tue.

4. Zeig nicht, wie es geht. Zeig, dass es geht!

In meinen ersten Online-Seminaren habe ich versucht, eine gute und kluge Anleitung zu geben, wie etwas funktioniert. Mein Anspruch war es, den Teilnehmern möglichst viel Wissen zu liefern. Schnell habe ich festgestellt, dass die Antwort auf die Frage nach dem Wie meistens ziemlich komplex und vor allen Dingen sehr unbequem ist. Und noch etwas anderes ist mir aufgefallen: **Die meisten Menschen wollen gar nicht wissen, *wie* es geht – zumindest so lange nicht, bis sie davon überzeugt sind, dass es geht.** Darum habe ich mir angewöhnt, zuerst aufzuzeigen, dass es geht, ohne das mitunter mühevolle Wie detailliert zu erklären.

5. Durchbrich die Glaubensmuster

Wir alle haben Glaubensmuster, limitierende Glaubenssätze oder sonstige Schranken in Hirn und Herz. Viele Menschen machen Dinge nicht, weil sie glauben, dass es nicht geht, nicht sinnvoll ist, nicht funktioniert, sie es nicht draufhaben oder was auch immer. Auch hier gilt: **Zeig deinen Teilnehmern, dass es geht – und zwar nicht nur in Ausnahmefällen, sondern bei jedem Einzelnen.** Dazu habe ich mir ein paar Formulierungen ausgedacht, die bezogen auf meine Situation ehrlich und authentisch sind: »Wenn ich als Schulabbrecher das geschafft habe, dann schaffst du das auch!« oder »Wenn ich mit meiner 4 in Deutsch das kann, dann kannst du das auch.«

6. Sorg dafür, dass Verständlichkeit und Spaß nicht zu kurz kommen

Was bringt die größte Ansammlung von Content, wenn sie keiner versteht? **Es ist ein Irrglaube, immer noch mehr Content liefern zu müssen.** Das Gegenteil ist der Fall! Bei unseren »Speaker-Slams« ist das eins der großen Learnings der Teilnehmer. Viele versuchen, so viel Wissen und Inhalt wie möglich in ihren Auftritt zu packen. Sie setzen Content mit Kompetenz gleich. Das wäre bei einem wissenschaftlichen Fachbuch vermutlich auch richtig. Doch bei Vorträgen und Veranstaltungen wollen die Menschen nicht nur lernen. Sie wollen vor allen Dingen unterhalten werden, mitgenommen werden, geführt werden. Egal ob online oder offline: Wer Spaß beim Lernen hat, wird nicht so schnell müde und nimmt viel mehr Wissen mit.

Interaktion: Die Teilnehmer bei der Stange halten

Während des Online-Seminars versuche ich immer wieder, die Teilnehmer in Interaktionen zu verwickeln. Das mache ich immer dann, wenn der Chat an ist. Meist schalte ich ihn zur Begrüßung und später, wenn ich etwas anbieten will und meinen Pitch mache, an. Zwischendrin ist die Chat-Funktion meist ausgeschaltet, da sie sonst für zu viel Ablenkung sorgt und die Teilnehmer in allerlei Diskussionen verfallen, die nichts mit dem eigentlichen Thema zu tun haben. Dennoch kannst du auch zwischendurch einige Fragen stellen, die die Teilnehmer dann via Chat beantworten sollen. Das ist wunderbar und zwingt auch die Nebenbei-Gemüseschnippler, das Küchenmesser eine Zeit lang wegzulegen und wieder besser aufzupassen.

Am Ende der Content-Phase ziehe ich meistens ein Fazit und beginne – nun mit geöffnetem Chat – die Menschen zu aktivieren. Es interessiert mich dabei weniger, wie den Leuten der Inhalt gefallen hat. Mir geht es an dieser Stelle darum zu erfahren, was der Inhalt mit den Teilnehmern bisher gemacht hat. Deshalb frage ich zum Beispiel nach, ob sie sich das, was ich vorgeschlagen habe, auch selbst zutrauen würden: »Wie wäre es, wenn du das auch könntest? Glaubst du daran? Willst du auch endlich sichtbar werden? Dann gib mir ein JA!« Und dann kommen in der Regel viele »Jas« über den Chat. So kann ich mir einen Eindruck von den Teilnehmern und der Stimmung verschaffen. Und ich habe erneut die Gelegenheit, sie vom Gemüseschnippeln wegzubringen und ihre Aufmerksamkeit auf mich zu lenken. Anschließend kommt dann meine Brücke zum Pitch für mein Angebot.

Der Pitch: Was es anzupreisen gibt

Ein Pitch ist die Präsentation eines Angebots. Das kann ein Buch, eine Box oder eine Beratung sein. Zudem kann ein Pitch dazu dienen, die Leute zu einem bestimmten Verhalten zu bewegen (neudeutsch nennt sich das Call to Action), etwa die Vereinbarung eines Termins, die Anforderung von Material oder was auch immer.

Die Überleitung – soft oder hart

Ich mache den Übergang zu meinem Pitch meist fließend und sage etwas wie: »Ich habe jetzt noch ein Angebot, das ich euch heute auf keinen Fall vorenthalten möchte, weil ich glaube, dass es der nächste logische Schritt für euch ist.« Dann beginne ich mein Angebot zu präsentieren. Es gibt Kollegen, die das wesentlich deutlicher und härter abgrenzen. Sie leiten das dann beispielsweise so ein: »Was jetzt kommt, ist der Verkauf. Ich werde in den nächsten 30 Minuten ein Produkt anbieten. Und das sage ich schon vorab: Ich werde euch auch auffordern, dieses Produkt zu kaufen. Wenn du das nicht möchtest, bitte ich dich, jetzt aus dem Online-Seminar auszusteigen.« Manche lassen dabei sogar eine deutlich sichtbare Zeitanzeige mitlaufen.

Ich glaube, dass beide Überleitungen einen gangbaren Weg darstellen. Wie du das gestaltest, bleibt natürlich dir überlassen. Du kannst gerne beide mal ausprobieren. Eine wichtige Sache vorab: Du musst damit rechnen, dass sich einige Teilnehmer nach der Überleitung ausklinken und die Veranstaltung verlassen. Das ist immer ein gewisser Prozentsatz, und es ist auch in Ordnung so. Du kaufst ja auch nicht alles, was dir angeboten wird. Und du bist bestimmt auch nicht bereit, dir jeden Pitch geduldig anzuhören, wenn du schon weißt, dass du nichts kaufen wirst. Ich persönlich habe kein Problem damit, wenn dann 20 Prozent der Teilnehmer und im Lauf des Abends vielleicht noch ein paar mehr mein Online-Seminar verlassen. Das ist einerseits ganz normal. Andererseits gilt es natürlich, daran zu arbeiten, es von Mal zu Mal besser zu machen.

> Denk daran: Everybody's Darling is Everybody's Depp. Das bedeutet, du kannst und willst es wirklich nicht jedem recht machen. Du solltest dich – bis auf die Learnings – weniger auf diejenigen konzentrieren, die deine Veranstaltung verlassen, sondern auf diejenigen, die bleiben.

Das Angebot – klar und eindeutig

Nach der Überleitung bietest du dein Produkt oder deine Dienstleistung an. Ich mache das, indem ich den Nutzen meines Angebots hervorhebe. Das Ganze veranschauliche ich mit der einen oder anderen Story. Zudem arbeite ich gerne mit Testimonials – also mit Kunden- und Pressestimmen.

Der Kauf – einfach und nachvollziehbar

Als Nächstes forderst du Teilnehmer dazu auf, dein Angebot zu kaufen. Bleib dabei klar und gib Hilfestellung. Menschen dürfen und wollen manchmal auch geführt werden. Es kann sein, dass ich sage: »Nimm jetzt bitte deine Maus und klick auf den eingeblendeten Link.« Dabei rede ich nicht nur darüber, was zu tun ist. Vielmehr führe ich die einzelnen Schritte bis zum Kauf auf meinem Bildschirm sichtbar für alle Teilnehmer aus. Das heißt: Ich sehe mir das Angebot gemeinsam mit ihnen live an und führe alles direkt vor. Beispielsweise suche ich einen passenden Termin oder fülle das Anmeldeformular aus, um meinem Publikum den Kaufprozess so anschaulich wie nur möglich zu erklären. Wenn all das geschehen ist und meine Aufforderung, mein Call to Action, klar und deutlich war, findet anschließend ein Großteil der Buchungen, Anmeldungen oder Verkäufe statt.

> Ob Online-Seminar, Vortrag oder Kennenlern-Event: Wie könnte eine elegante Überleitung zum Verkaufsteil deiner Veranstaltung aussehen? Wissen und Erfahrungen zu teilen, ist schön und gut. Aber du machst das ja alles, um früher oder später (und zwar lieber früher als später) deinen Lebensunterhalt damit bestreiten zu können. Das heißt: **Irgendwann musst du zum Thema Verkauf kommen.** Nur Mut! Mach das so, wie es sich für dich stimmig anfühlt.

Q&A-Phase: Was es noch zu wissen gibt

Plane nach dem Pitch mindestens 30 Minuten für Fragen und Antworten ein. So hast du die Möglichkeit, einige Zweifler davon zu überzeugen, dass du Ahnung hast. Im Anschluss wiederholst du in aller Kürze deinen Pitch, aber wirklich nur die Mini-Version. Nach dieser Phase kommen in der Regel noch einige Anmeldungen oder Käufe hinzu, da ein paar Leute Vertrauen gefasst haben oder zumindest bereit sind, dir einen Vertrauensvorschuss zu gewähren.

Ich weiß nicht, wie du das siehst, aber ich persönlich bin es leid, mit Menschen tagelang darüber zu diskutieren, ob sie wirklich zugreifen sollen oder nicht, buchen sollen oder nicht, kaufen sollen oder nicht. Das sollen die Leute ohne mein Zutun ganz für sich selbst entscheiden. Allerdings limitiere ich die Gültigkeit meines Angebots auf diesen einen Tag. Das ist bei uns glücklicherweise auch kein Marketing-Gag, da wir tatsächlich meist sehr nahe an der Ausbuchungsgrenze fahren und oft genug Probleme haben, noch mehr Interessenten unterzubringen.

Schlussphase: Wenn das Online-Seminar zu Ende ist

Du solltest nicht nach Ablauf der Zeit direkt den Stecker ziehen und die Leute aus dem Online-Seminar werfen. Keine Eile, lass die Leute das ruhig in ihrem eigenen Tempo machen. Du kannst ja sehen, wer sich noch im virtuellen Seminarraum tummelt. Wenn der letzte Teilnehmer gegangen ist, kannst du Schluss machen. Aber keine Sorge: Du musst nicht bis zum Ende vor dem Bildschirm sitzen bleiben wie bestellt und nicht abgeholt. Ich mache es in der Regel so: Am Ende gehe ich aus dem Bild, lasse das Online-Seminar aber noch offen, damit die Leute weiterhin auf den Link klicken können. In der Zwischenzeit zeige ich einige Bilder und Testimonials von zufriedenen Kunden, die ich in einem kleinen Film zusammengefasst habe.

Tu nichts ohne Absicht!

So viele Menschen machen sich sichtbar, zeigen sich und ihre Expertise, sind in den Medien vertreten, werden in Talkshows eingeladen, machen Podcasts oder veranstalten Online-Seminare, besuchen Kongresse und Tagungen ... Sie stellen sich gut dar – und dann? Dann ist die Show oder Veranstaltung vorbei, alle gehen nach Hause und man hat wieder andere Dinge im Kopf. Der Alltag kehrt ein. Und sonst? Nichts!

Egal ob digital oder in Präsenz: Ich habe es mir schon längst zur Regel gemacht, bei jeder Veranstaltung ein Angebot dabei zu haben. Ein Beispiel: Ein Online-Seminar zu veranstalten kostet Zeit für die Vorbereitung und Geld für die Bewerbung. Wenn du das absichtslos machst und am Ende nichts anbietest, dann passiert auch nichts in deiner Wertschöpfungskette.

Ich habe mit mir selbst gewissermaßen einen Vertrag geschlossen, der festlegt, unter welchen Umständen ich das Haus verlasse. Dafür gibt es drei triftige Beweggründe:

1. Ich habe einen bezahlten Auftrag (mit Betonung auf bezahlt).
2. Ich fahre mit meiner Familie irgendwohin.
3. Es ist ein Liegendtransport im Krankenwagen oder Sarg.

Diese eindeutige Regelung hilft mir ungemein. Denn sie schließt kategorisch all die anderen Gelegenheiten aus, sich mal unverbindlich auf einen Kaffee zu verabreden oder sonst eine der vielen Einladungen anzunehmen, die wenig bringen und dabei auch noch viel Zeit oder Energie kosten. Dieses klare Prinzip, das ich allen Interessenten und Kunden offen mitteile, macht mein Leben wesentlich leichter, entspannter und übersichtlicher. Und – ganz wichtig: Ich verschenke mich nicht! Das war für mein Mindset entscheidend.

Wir verplempern in unserem Leben so viel Zeit, vor allem Newbies im Business, die sich gerne bei Networking-Veranstaltungen treffen. Dort wollen sie irgendetwas aushecken, weil sie es sich alleine nicht (zu)trauen, loszulegen. Oder sie wollen sich in größerer Runde gegenseitig bemitleiden und Mut zusprechen, weil es eben noch nicht so angelaufen ist, wie man sich das vorgestellt hatte. Nicht dass ich etwas gegen aufmunternde Worte habe. Aber Reden – um nicht zu sagen Jammern – bringt nichts. Diese Zeit lässt sich meiner Meinung nach besser nutzen.

◆◆◆

Bei meinen Veranstaltungen stelle ich gerne die Frage: »Wer von euch geht zu Networking-Events?« Dann melden sich immer ganz viele ganz eifrig. Und dann blicke ich in eine Menge verblüffter, bisweilen sogar entsetzter Gesichter, wenn ich fortfahre und sage: »Tut das am besten niemals! Und wenn ihr es bisher getan habt, lasst es in Zukunft bitte bleiben. Nutzt eure kostbare Zeit für etwas Sinnvolles, das euch wirklich weiterbringt im Leben und im Geschäft.« Hand aufs Herz: Wer trifft sich denn auf diesen Anfänger-Netzwerk-Veranstaltungen? In der Regel Leute, die noch gar keine oder zumindest keine nennenswerten Umsätze zu verbuchen haben, viele Jammerer und – entschuldige bitte, wenn ich hier so harte und klare Worte finde – auch so einige Loser.

Wenn du wirklich gut drauf bist, wenn du echt was auf dem Kasten hast, wenn du deinen Frame abgesteckt und losgelegt hast, dann gehst du dort nicht hin. Warum? Weil du Umsatz machst – und davon hoffentlich nicht zu knapp. Und wie machst du Umsatz? Jedenfalls nicht oder nur im absoluten Einzelfall durch diese Veranstaltungen. **Umsatz machst du durch echte Kontakte, durch den Verkauf an deine Kunden.** Bei einem Networking-Event treffen sich überwiegend Leute, die alle dringend Kunden brauchen – doch unter den Anwesenden finden sie ihre anvisierte Kundschaft nun mal nicht. Diese Form von Networking ist in meinen Augen reine Zeitverschwendung.

Du merkst, ich bin kein Fan von Zeitverschwendung. Deshalb sage ich es gerne noch mal: **Damit deine Online-Veranstaltung keine Zeitverschwendung ist, verbinde sie immer mit einem Pitch, mit einem weiterführenden Angebot.** Dabei gibt es viele unterschiedliche Möglichkeiten. Es muss nicht unbedingt der Verkauf eines Produkts oder einer Dienstleistung sein. Es kann auch ein Eintrag zu einem unverbindlichen Telefongespräch sein. Und das gilt übrigens nicht nur für Online-Veranstaltungen, sondern für alle deine geschäftlichen Vorhaben.

Welches Produkt oder welche Dienstleistung,
oder allgemeiner ausgedrückt:
Welches Angebot passt zu deiner nächsten Veranstaltung und zur anwesenden Zielgruppe?

*****

Was kannst du den Leuten (an)bieten,
welchen Nutzen kannst du ihnen versprechen,
welches Bedürfnis kannst du stillen?

*****

Frag dich vor der Entscheidung, selbst an einem Seminar, an einer Veranstaltung oder an einem Event teilzunehmen, was es dir bringt und ob es dir deine Zeit wert ist. Wenn du für dich oder dein Business darin einen Nutzen siehst, geh hin. Wenn nicht, lass es.

*****

Nutze deine Zeit und deine Energie
für etwas Sinnvolleres.

5. Frame-Transformation: Den üblichen Rahmen sprengen

Das Fitting-Problem: Wenn von Anfang an der Wurm drin war oder sich die Bedingungen ändern

B Mareike Fuisz hat eine beeindruckende Karriere von der Call-Center-Agentin zur Vice President hingelegt. Sie war führend darin, neue Bereiche zu gestalten, neue Themen zu entwickeln und vermeintliche Gegensätze zu verbinden. Sie stand für Innovation, Change und Thought Leadership – bis sie mit ihrem ersten Kind schwanger wurde und dieses Kind mit einer Behinderung zur Welt kam: Down-Syndrom (auch Trisomie 21 genannt). Mit dem Ausstieg aus dem Job begann ihr Einstieg in ein völlig anderes Leben. Nicht nur in das Leben als Mutter, sondern in das Leben als Mutter eines Kindes mit Behinderung. Und wenn schon der Jobbeschreibung »Mutter« oftmals mit wenig Wertschätzung begegnet wird, so sorgt die Ergänzung »... eines Kindes mit Behinderung« für noch größeren sozialen Abstand.

Es gab also eine große Diskrepanz zwischen der Außenwahrnehmung und Mareikes innerer Wirklichkeit. Bei anderen Menschen rief ihre Situation Mitleid hervor und wirkte von außen betrachtet schrecklich. Für Mareike und ihre Familie hingegen war die Diagnose zunächst zwar eine Herausforderung, das Kind aber ein Riesengeschenk, das sie alle mit unendlich viel Liebe begleiten wollten. Als ihre Tochter Jahre später gegen Leukämie behandelt werden musste, nahmen sie auch diese Herausforderung als Teil eines Weges an, der so vielleicht auf keiner Wunschliste stand, aber sehr viel weiteres inneres Wachstum und noch größeres Glück bedeutete.

Die grundlegend veränderten Rahmenbedingungen erforderten eine völlig neue Ausrichtung. Mareikes Mission ist es seither, die Welt zu einem besseren Ort für ihre Tochter zu machen – und damit für alle Menschen mit Down-Syndrom. Sie hat inzwischen mehrere Online-Kongresse veranstaltet, an denen Tausende von Familien mit Kindern mit Down-Syndrom im In- und Ausland innovativ und positiv rund um das Thema informiert wurden. Sie sprach vor Politikerinnen und Politikern der UN in New York und des Europaparlaments und hat unter anderem einen Lobbyverband mitgegründet. Zusammen mit ihren Partnerinnen und Partnern arbeitet sie an einer Start-up-Idee im Dreieck von kognitiver Behinderung, Bildung und künstlicher Intelligenz. Mareike war schon in zahlreichen Podcasts, im Radio und im Fernsehen zu Gast. Diverse Zeitschriften veröffentlichten Artikel über ihr Engagement. Zudem hält sie an Universitäten Vorlesungen zu Ethik, Diversity und Innovation und ermutigt Menschen dazu, ihrem jeweils individuellen, ganz eigenen Lebenspfad zu folgen. Darüber hinaus ist

Oscar Wilde sagte einmal: »Das Durchschnittliche gibt der Welt ihren Bestand, das Außergewöhnliche ihren Wert.« Und genau das ist der Schlüssel. Wir glauben, uns immer und überall in einem Rahmen bewegen und verorten zu müssen, der der »Normalität« entspricht, der »üblich«, »allseits bekannt« und »gesellschaftlich anerkannt« ist. **Wir glauben, so sein zu müssen, wie alle sind.** Wehe dem, der aus diesem Frame ausbricht. Aber normal ist Feinripp-Unterwäsche, normal ist Eiche rustikal, normal ist die Standardeinstellung am Wäschetrockner.

Menschen wollen keine »normalen« Dinge – Menschen wollen das Außergewöhnliche. Wir wollen etwas erleben, etwas sehen, was wir so noch nicht gesehen haben. Es macht keinen Spaß und ist noch dazu extrem langweilig, sich ständig nur der Norm anzupassen. Viel spannender ist es, das zu entdecken, was außerhalb der Norm liegt. **Wenn du tust, was alle tun, wirst du auch das bekommen, was alle bekommen. Und wer will das schon?**

Mareike national und international als inspirierende und motivierende Speakerin gefragt und war Finalistin bei zwei wichtigen Awards zu den Themen Change und Innovation – dem Impact of Diversity Award in der Kategorie Inclusion Champion und dem Digital Female Leader Award in der Kategorie Innovation.

Mareike Fuisz fährt mit dem fort, was sie schon immer ausgezeichnet hat: innovativ vorangehen und scheinbar Unverbindbares verbinden. Nur eben in einem völlig anderen Rahmen als früher, und in einer anderen Tiefe. Und so bringt sie mit Freude Themen und Menschen auf die Bühne, die bisher viel zu wenig und vor allem noch nie auf diese Art und Weise gesehen wurden.

Die Macht der Faszination

Schon als Zehnjähriger wurde ich Mitglied im Donauschwäbischen Trachtentanzverein – nicht weil ich auch nur den geringsten Gefallen an diesen Tänzen gefunden hätte, sondern einzig und allein weil versprochen wurde, dass die Vereinsmitglieder für einen Auftritt auf der Steuben-Parade nach New York reisen würden. Obwohl ich diese Stadt nur aus Büchern und Filmen kannte, entwickelte sich in mir eine so große Sehnsucht, dass ich jahrelang Sternpolka und andere schreckliche Tänze in einer noch viel schrecklicheren Tracht zum Besten gab. Und das alles nur, um ein einziges Mal in diese wahnsinnige Stadt zu kommen. So landete ich also 1975 mit 11 Jahren das erste Mal in New York. In einer Stadt, die damals noch weit entfernt war von dem heutigen Touristenmagneten. Es gab Brände in der South Bronx, Schießereien am Broadway, Gewaltverbrechen und Mordopfer.

Da der Trachtentanzverein nicht gerade mit Geld gesegnet war, waren wir gezwungen, in günstigen Absteigen zu übernachten. Als wir Kinder an unserem Hotel ankamen, wurde gerade ein Mann, splitterfasernackt und blutüberströmt, noch dazu an einen Rollstuhl gefesselt, von der Polizei hinausgeschoben. Bei unseren Betreuern schrillten spätestens jetzt die Alarmglocken. Noch gruseliger wurde es, als wir in unsere heruntergekommenen Zimmer gebracht wurden. Hier gab es weder eine Toilette noch ein Waschbecken. Jede Etage unserer Absteige hatte nur einen einzigen Toilettenraum zur gemeinsamen Nutzung. Unsere Begleitpersonen hatten die – vermutlich durchaus berechtigte – Sorge, dass wir einer Messerstecherei oder etwas Ähnlichem zum Opfer fallen könnten. Daher durften wir die Zimmer nicht beziehen, sondern mussten vor der Rezeption auf unseren Koffern schlafen. Auch die Toilette durften wir nicht allein aufsuchen. Vielmehr mussten wir uns in Zehnergruppen gemeinsam zum Toilettengang einfinden.

Das war also meine erste Nacht in New York City. Bis heute kann ich mich noch an das Bild und vor allem an die Schreie des an den Rollstuhl gefesselten Verwundeten erinnern. Doch ich muss gestehen: Ein ganz großer Teil meines Herzens ist seither für New York reserviert. Ich vermute, dass in meinem Gehirn einige Synapsen nicht so verdrahtet wurden, wie das normalerweise hätte sein sollen. Denn ich könnte jedes Kind verstehen, das nach einem solchen Horrorerlebnis von New York ein für alle Mal die Schnauze voll gehabt hätte. Bei mir war es anders. Ich war schockverliebt in diese Stadt und flog von diesem Tag an, sofern es mein Geldbeutel und die Begleitung eines Erwachsenen (bis ich volljährig war) zuließen, immer wieder dorthin.

Jeder Anlass war für mich gut genug, um meine Lieblingsstadt zu besuchen. Wenn es etwas zu feiern gab, tat ich das in New York. Wenn ich Liebeskummer hatte, leckte ich meine Wunden in New York. Und wenn ich frisch verliebt war, dann war vollkommen klar, dass ich meiner Herzensdame unbedingt New York zeigen musste. Diese Stadt hat einfach mein Herz erobert. New York hat in mir mehrfach den üblichen Rahmen gesprengt und mir geholfen, immer wieder aus dem üblichen Rahmen zu fallen. Viele Sommer habe ich dort verbracht, Bücher geschrieben und bin mit neuer Inspiration nach Hause geflogen. New York hat mich für immer gepackt!

New Yorks Energie ist so atemberaubend wie die keiner anderen Stadt dieser Welt. Deswegen ist diese Stadt der perfekte Ort für mich. Nicht ohne Grund fliege ich einmal im Jahr mit knapp 300 Teilnehmern nach New York City in das berühmte Lee Strasberg Institute. Dort erfahren die Teilnehmer in kleinen Gruppen mehr über Wirkung, Ausstrahlung und Präsenz. Das Lee Strasberg Institute ist nicht nur die begehrteste Schauspielschule New Yorks, sondern sicherlich eine der renommiertesten der Welt. Wer dort als Schüler angenommen wird, kann sich eine große Karriere auf der Bühne oder der Leinwand ausrechnen. Mittlerweile kommen auch Nicht-Schauspieler, Führungskräfte, Redner, Trainer, Coaches, Berater, Verkäufer, Vorstände, Mitarbeiter und Interessierte aus aller Welt zu Lee Strasberg, um ihre Wirkung, ihre Ausstrahlung, ihre Körpersprache, ihr Charisma und ihren Fokus zu verbessern. Meinen Teilnehmern lege ich ans Herz, die Zeit in New York zu nutzen, um aus dem gewöhnlichen Rahmen zu fallen.

Doch du musst nicht unbedingt nach New York reisen, um aus deinem gewöhnlichen Rahmen auszubrechen. Auch wenn ich dir eine Reise in meine Lieblingsstadt natürlich wärmstens ans Herz lege. **Alles, was dich – gerne auch mal unsanft – aus deiner Komfortzone katapultiert, ist grundlegend geeignet, um deinen Blick zu weiten und dir zu zeigen, was alles möglich ist.**

Da jeder Mensch anders gestrickt ist, gilt: Mach dir eine Liste mit Challenges, die dich fordern, oder mit Aktivitäten, die dich immer schon interessiert hätten. Was hast du dich bisher, aus welchem Grund auch immer, nicht getraut? Womit kannst du dich selbst herausfordern, auf die Probe stellen, neue Erfahrungen sammeln, deinen Horizont erweitern?

Die Korsetts unserer Zeit

Wir leben in einer Gesellschaft, die weniger die Leistung, sondern vielmehr die Zeit oder, noch härter formuliert, die bloße Anwesenheit von Personen am Arbeitsplatz vergütet. Unser Vergütungssystem arbeitet mit Wochenarbeitszeiten, Anwesenheitspflichten und Stechuhren. Es fokussiert sich nicht auf die Ergebnisse, die wir bringen, sondern auf die Zeit, die wir am Arbeitsplatz absitzen. So werden wir konditioniert und sozialisiert in einem System, das Leistungsverweigerern größere Chancen bietet als Leistungserbringern. Viele Arbeitnehmer sind in einem System gefangen, aus dem sie selbst mit größeren Leistungsanstrengungen nicht ausbrechen können.

Nehmen wir an, du gehst in den mittleren Dienst als Polizeimeisteranwärter. Dann wirst du Polizeimeister, Polizeiobermeister, Polizeihauptmeister, Polizeihauptmeister mit Amtszulage oder du kommst in den gehobenen Dienst als Polizeikommissar, Polizeioberkommissar, Polizeihauptkommissar oder Erster Polizeihauptkommissar. Eins ist relativ klar: Der Weg deiner Karriere ist exakt vorgezeichnet. Du wirst mehr oder weniger schnell die nächste Rangstufe erreichen und kannst dir mithilfe einer mathematischen Formel schon am ersten Arbeitstag unter Berücksichtigung der Besoldungsgruppen, Gewerkschaftsverhandlungen und Inflationsbereinigung ausrechnen, was du am Ende deines Berufslebens verdient haben wirst. Dein Leben ist, zumindest was das angeht, nahezu hundertprozentig berechenbar.

Aber du hättest kaum Einfluss. Selbst wenn du dir morgens die Motivation wie Dynamitstangen in den Hintern steckst, eine positive Einstellung inhalierst wie Knallgas und dir Leidenschaft intravenös verabreichst – was würde sich ändern? Meines Erachtens nicht viel. Du würdest, wenn überhaupt, ein wenig schneller befördert werden und dein Gesamtlebenseinkommen würde sich womöglich um ein Prozent erhöhen. Der Rest wäre *same procedure as every day*, also Alltagstrott. Ist das nicht langweilig und öde? Ich empfinde es jedenfalls so. Das trifft übrigens nicht nur auf die Beamtenlaufbahn zu. So ist das Leben vieler Menschen, zumindest in Systemen, die leistungsunabhängig funktionieren.

Ich war als Jugendlicher einmal bei der Agentur für Arbeit. Glaubst du, dass die Sachbearbeiter dort den Markt kannten? Glaubst du, dass sie mit mir über den Tellerrand hinausgesehen haben? Nein, nein und nochmals nein. Jedenfalls kam damals niemand auf mich zu und sagte: »Hey, werden Sie doch Redner. Da verdienen Sie an einem Tag mehr als ein Lebensmittelkaufmann im ganzen Jahr.« Und warum nicht? Weil sie es selbst nicht besser wussten. Oder glaubst du, sie würden wider besseres Wissen weiterhin als Sachbearbeiter in der Agentur für Arbeit ihr Dasein fristen? Ich wage das stark zu bezweifeln.

Ein anderes Beispiel: Wenn du zu deiner Bank gehst und dich über aussichtsreiche Geldanlagen informieren willst – wer gibt dir dort den Rat? Jemand, der sich mit Geldanlagen auskennt? Meine klare Meinung lautet: Es ist in der Regel jemand, der sich nicht auskennt. Denn wenn er sich auskennen würde, wäre er bereits Millionär. Mindestens. Und wenn er Millionär wäre, würde er nicht für einen Hungerlohn in einem Büro einer Bank sitzen, das kaum größer ist als der Zwinger für meinen Hund. Ja, ja, ich weiß, das sind harte und böse Worte. Aber die Wahrheit tut manchmal ein bisschen weh. Viel schlimmer und schmerzhafter finde ich allerdings, dass viele Menschen sich solche Wahrheiten nicht eingestehen wollen.

> Bitte wach auf: Das System ist nicht dein Freund und Unterstützer! Das System ist einfach das System – und du wirst an den Mechanismen vermutlich nichts ändern. Und wenn, dann nur sehr schwer. Überleg dir: **Was von diesem System kannst du für dich und deine Vorhaben nutzen und was ist für dein Vorwärtskommen, deine berufliche und persönliche Weiterentwicklung eher schädlich?**
>
> Bei der Lösung deiner Probleme können dir das System beziehungsweise diejenigen, die darin funktionieren, in den meisten Fällen nicht weiterhelfen. Das kannst nur du selbst!

B Schon gar nicht hilfreich oder freundlich ist das System, wenn jemand aus dem üblichen Rahmen fällt. Das erinnert mich zum Beispiel an die Geschichte von Alan Mathison Turing, dem britischen Logiker, Mathematiker, Kryptoanalytiker und Informatiker. Er hat einen fiesen Kampf ausfechten müssen und ist letzten Endes leider nicht als Sieger daraus hervorgegangen.

Wir verdanken Alan Mathison Turing viele der theoretischen Grundlagen der modernen Informations- und Computertechnologie. Während des Zweiten Weltkriegs war er maßgeblich an der Entzifferung von Funksprüchen der Deutschen beteiligt, die mithilfe der Chiffriermaschine Enigma verschlüsselt worden waren. Mit dem von ihm entwickelten und nach ihm benannten Turing-Test wird geprüft, ob ein Computer es schafft, wie ein Mensch zu denken und damit künstliche Intelligenz besitzt.[25] Der mit 1 Million Dollar dotierte Turing Award ist gewissermaßen der Nobelpreis für Informatik. Er wird seit 1966 für bedeutsame Beiträge von dauerhafter Relevanz für die Informatik verliehen.[26] Doch all diese Verdienste und Ehren haben Alan Mathison Turing zu Lebzeiten nichts genutzt.

Im März 1952 wurde Turing wegen Homosexualität zur chemischen Kastration verurteilt. Durch die Hormonbehandlung litt er an Depressionen und beging nur zwei Jahre später Selbstmord. Erst 2009 sprach der damalige britische Premierminister Gordon Brown eine offizielle Entschuldigung im Namen der Regierung für die »entsetzliche« und »absolut ungerechte« Behandlung Turings aus. Er habe viel Besseres verdient – nicht zuletzt aufgrund seiner außerordentlichen Verdienste während des Zweiten Weltkriegs: »Die Dankbarkeit, die man ihm schuldet, macht es umso entsetzlicher, dass er so unmenschlich behandelt wurde.«[27] Am 24. Dezember 2013 sprach Königin Elisabeth II. posthum ein Royal Pardon, eine königliche Begnadigung aus.[28]

Auch in den 1960er-Jahren, die viele mit dem Schlagwort »Sex, Drugs and Rock'n'Roll« oder den Hippies verbinden, herrschte nicht immer und überall Friede, Freude, Eierkuchen. In New York kam es zu gewalttätigen Razzien in Kneipen, die von trans- und homosexuellem Publikum frequentiert wurden. In den frühen Morgenstunden des 28. Juni 1969 leisteten sie das erste Mal Widerstand gegen die wiederkehrenden Kontrollen, sie protestierten und lieferten sich tagelang Straßenschlachten mit der New Yorker Polizei – und der Rest ist Geschichte. Kurz danach gab es schon erste politische Gruppierungen, um für die Gleichberechtigung einzustehen und gegen Diskriminierung und Ausgrenzung vorzugehen. Um dem sogenannten Stonewall-Aufstand[29] zu gedenken, findet in New York und anderen Städten weltweit am letzten Samstag im Juni eine Parade statt.

> Manchmal reicht es nicht aus, den Frame oder den Kanal zu wechseln, dann darf es etwas mehr als das sein. Denn: **Häufig sehen wir am Anfang nicht die Größe und Bedeutung, die in unserer Botschaft steckt.** Oftmals glauben wir genau das Gegenteil: Wir reden uns ein, dass unsere Botschaft zu banal, zu gewöhnlich, zu uninteressant sei. Dann ist es notwendig, unseren Frame ein wenig zu transformieren, ihn mit mehr Relevanz zu versehen und vermeintliche Banalität in etwas Bedeutsames zu verwandeln.

Egal ob von Einzelnen ausgeführt oder von der Menschheit als Ganzes: Wir leben leider immer noch in einem Zeitalter, in dem Dinge geschehen, die wir rückblickend als falsch bezeichnen. Dabei wird wieder klar, dass wir Menschen brauchen, die aufstehen, die rausgehen und das, was ein Leben lang nie zum Ausdruck gebracht wurde, endlich laut und deutlich aussprechen. Wir brauchen Leute, die diese muffigen Teppiche, unter denen sich so viel Dreck angesammelt hat, an die frische Luft hängen und ordentlich ausklopfen. Solcher Mut sollte belohnt werden. Ich hoffe, dass dies in Zukunft öfter geschieht.

Meine Hacks: Strategien, Irrtümer und Chancen der Frame-Transformation

Hack 21 Raus aus der Opferrolle

»Mach die Beine breit, heute hatte ich einen schlechten Tag.« So begann eine Rede von Michaela, in der sie ihren Alltag als Partnerin eines Narzissten schilderte. Diese wunderschöne, stilvolle Frau, war lange Zeit mit ihm zusammen und musste nicht nur an schlechten Tagen solche Sprüche und Aufforderungen ertragen und hörig erfüllen.

Narzissmus, der besondere Cocktail aus ausgeprägtem Egoismus, Arroganz und Selbstsucht, bringt Menschen hervor, die sich anderen gegenüber rücksichtslos verhalten und dennoch bewirken, dass sich die Opfer über Jahre hinweg nicht aus der Schlinge der Emotionen und Abhängigkeiten lösen können. So auch Michaela. Weinend und mit vielen Fragezeichen stand sie vor ihrem Vortrag bei mir. Sie schilderte mir ihren inneren Kampf zwischen dem großen Wunsch, ja geradezu dem Verlangen, das alles der Welt mitzuteilen, und der Angst, für diese Aussage belangt zu werden. »Wenn ich das heute erzähle, dann habe ich am Montag eine Klage am Hals«, meinte sie. Und dennoch hat sie ohne Rücksicht auf die Konsequenzen auf der Bühne davon erzählt, wie es ist, von einem solchen Monster zum Sex gezwungen zu werden, mit einem Menschen eine toxische Beziehung zu haben und aus der Widersprüchlichkeit zwischen Liebe und Abhängigkeit, Wut und Gebrochenheit keinen Ausweg zu finden.

Ihr Vortrag war ihr Outing. Aber eben nicht nur das. Diese persönliche Geschichte war wie eine Welle, eine Woge, der plötzlich so viele Menschen und Seelen zustimmen konnten. Es war geradezu wie die Metoo-Welle. Aus einer einzelnen persönlichen Geschichte entwickelte sich Relevanz für so viele. Aus einer scheinbaren Banalität wurde etwas Bedeutsames.

Ich kann mir kaum vorstellen, was im Vorfeld und während ihres Auftritts in Michaela vorgegangen ist. Was muss das für ein Kampf gewesen sein, dem inneren Bedürfnis und dem Leidensdruck nachzugeben, die Botschaft nach außen zu tragen, und gleichzeitig ungeschützt in das Messer der möglichen Konsequenzen zu laufen? Und welche innere Kraft oder auch Verzweiflung mag es gewesen sein, die diesem Druck nachgegeben hat?

Tatsächlich bekomme ich häufig ähnliche Anfragen – hauptsächlich von Frauen, die schwere Schicksale erleiden mussten, die von Männern geschlagen, von Narzissten vergewaltigt, von brutalen Ehemännern dauerhaft gequält wurden. Alle diese Frauen litten und leiden so sehr darunter, dass sie diese Erfahrungen zu dem Thema ihres Lebens machen wollen. Diese Botschaft wabert explosiv in ihnen. Eines Tages bricht sie aus ihnen heraus wie aus einem Schnellkochtopf: Der innere Druck ist so groß, dass der Deckel vom Topf springt und die Speisen bis an die Decke hochschießen. Doch dann kommt in den meisten Fällen die Resignation. Denn sie sind nicht imstande, so viel Mut, so viel Chuzpe, so viel Kraft aufzubringen wie Michaela.

Es folgt die stillschweigende Kapitulation. Sie tragen das, was zu ihrem Lebensthema geworden ist, aus Angst vor den möglichen Konsequenzen doch nicht nach außen. Sie bleiben weiterhin das Opfer, sprechen die Tat nicht aus, decken den Täter und verschweigen all die Qualen, die sie erlitten haben. Letztlich nehmen sie ihre wichtige Botschaft oftmals still gehütet mit ins Grab. Dabei haben diese Frauen den sehnlichen Wunsch, all das Erlebte nach außen zu tragen. Sie wollen anderen helfen, indem sie über ihr Lebensthema reden, Vorträge halten, ein Buch schreiben oder es auf andere Art in die Welt tragen und vor allem in die Herzen der Betroffenen bringen.

Diejenigen, die den Mut haben, ihre Fesseln zu sprengen, brauchen wir dringend als Vorbild, damit andere Betroffene die Größe und Kraft aufbringen, es ihnen gleichzutun. All denjenigen, die diesen Mut noch nicht aufgebracht haben, die sich noch in ihrem mentalen Gefängnis befinden und die Gitterstäbe des Denkens nicht durchbrechen können, müssen wir mehr als nur die Botschaft senden: »Du bist nicht allein!«

Aber wie soll man Vorträge halten, Botschaften senden, Bücher schreiben oder sonst wie an die Öffentlichkeit gehen, wenn man genau das nicht tun darf, weil es zu gefährlich, manchmal sogar lebensbedrohlich ist? Wie soll man sichtbar werden, wenn man Angst haben muss, dass der Ex zum Gewalttäter mutiert, dass man mit Gerichtsklagen überschüttet wird oder Zukunftspläne nur noch im Frauenhaus oder im Exil geschmiedet werden können?

> **Nur weil die Wahrheit von Verbrechern oder Gewalttätern unterdrückt wird, darf man sie nicht verschweigen.** Dennoch ist der Wunsch, für diesen Mut nicht auch noch zusätzlich bestraft zu werden, mehr als verständlich. Diesen Mut aufzubringen, erfordert ein Löwenherz. Aber es kann gelingen, wenn man den üblichen Rahmen sprengt.

Hack 22 Das Außergewöhnliche ist begehrt

Der Mensch sucht das Außergewöhnliche – auch wenn wir das immer noch nicht so recht glauben oder uns eingestehen wollen. Nicht zuletzt, weil die Schulbildung das Gegenteil betreibt, nämlich Gleichmacherei. Doch Besonderheit, Originalität, das Ausformen individueller Stärken, Talente – all das beruht darauf, den Fokus auf bestimmte Bereiche zu setzen.

Es gibt einen Spruch, den einige Motivationstrainer gerne benutzen: »So, wie man eine Sache macht, so macht man alle.« Dieser Aussage stimme ich nicht in allen Lebensbereichen zu. Meines Erachtens gibt es Felder, die mehr, und andere, die weniger Fokus verdient haben. Könnten wir in allen Lebensbereichen überragend sein, dann wären wir alle Superhelden. **Exzellenz entsteht durch das Abwählen von Bereichen, Tätigkeiten oder Fähigkeiten.** Das bedeutet: Wer in einer Sache gut sein will, der darf sich überlegen, in welchen Bereichen er getrost schlecht sein kann. Er muss entscheiden, welche Bereiche in seinem Leben gar nicht mehr stattfinden sollen und dürfen.

Wir haben es ja schon beim Bauchladen-Problem gesehen: Keine Entscheidung ist schwerer zu treffen und umzusetzen, als den Fokus auf einen Schwerpunkt zu legen. Ein Großteil der Dienstleister, Coaches, Trainer und Berater reist nach wie vor mit einem großen Bauchladen voller Themen, Kompetenzen, Werkzeugen und Vorgehensweisen durch die Gegend. Jeder dieser Inhalte wird geschützt und gepflegt wie ein kleines Heiligtum. Das ist vergleichbar mit einem Restaurant, auf dessen Speisekarte 127 verschiedene Gerichte stehen. Das führt bei den Gästen zu Verwirrung und Unentschlossenheit durch die Qual der übergroßen Auswahl. Außerdem maximiert es den Aufwand in der Küche und die Ausgaben für unzählige Zutaten, die dann auch noch entsprechend gelagert werden müssen. Ganz zu schweigen von der Tatsache, dass das den Fokus der Marke vernebelt und eine klare Markenbotschaft unmöglich macht. Das Ergebnis ist Verwechselbarkeit und damit Austauschbarkeit.

Wie schon gesagt: Entweder du bist eine Marke oder es geht um den Preis. Und als Bauchladenträger bist du eben keine Marke und stehst daher immer mit einem Bein mitten in der nächsten Preisdebatte.

Bitte mach dir nichts vor: **Es ist nicht der Bauchladen, der dein Überleben sichert. Im Gegenteil: Oft genug ist es der Bauchladen, der dir den Überlebenskampf überhaupt erst beschert!** Dennoch kann ich nur zu gut verstehen, wie schwer es ist, sich von seinem Bauchladen zu verabschieden. Auch mir sind viele Entscheidungen unendlich schwergefallen. Es war nicht nur mental oft ein geradezu grausamer Prozess. Aber in vielen Fällen ein notwendiger!

Hack 23 Das Phänomen des erweiterten Horizonts

Ich habe es mir zur Aufgabe gemacht, andere Menschen in ihre volle Größe und Sichtbarkeit zu bringen und sie zur Marke zu machen. Wenn ich meine Bewertungen bei ProvenExpert, meine Kundenstimmen und E-Mails lese, scheint mir das auf einem Fünf-Sterne-Niveau zu gelingen. Aber was braucht es eigentlich dafür, dass Menschen in ihre Größe kommen und selbst erkennen, was in ihnen steckt?

In meinen Anfangsjahren als Trainer bei Dale Carnegie Training bekamen die Teilnehmer einen Fortschrittsbericht. Hier sollten sie sich am Anfang, in der Mitte und am Ende des zwölfwöchigen Kurses selbst bewerten. In einem Feld sollten sie ihr Selbstvertrauen auf einer Skala von 1 bis 10 bewerten. Eine Teilnehmerin bewertete sich am Ende des Kurses – obwohl wir intensiv und erfolgreich zusammengearbeitet hatten – in diesem Punkt schlechter als zu Beginn. Da musste ich einfach genauer nachhaken. Deshalb fragte ich sie, wie es zu dieser Verschlechterung gekommen sei. Sie meinte: »Mein Selbstvertrauen ist natürlich in dieser Zeit gewachsen. Aber dadurch habe ich erst erkannt, welche Möglichkeiten sich im Leben ergeben können und welches Potenzial noch in meinem Selbstvertrauen steckt.« Deshalb bewertete sie sich nicht mehr in Bezug auf die Ist-Situation und ihren Fortschritt. Stattdessen betrachtete sie den erweiterten Horizont, den Frame, den es nun mit ihrem neuen Selbstvertrauen zu erreichen galt.

Bei mir selbst war es ähnlich, allerdings in puncto Geld. Als ich mit meiner Lehre fertig war, bekam ich einen Job als Lebensmittel-Einzelhandelskaufmann und ein Gehalt von 2000 D-Mark im Monat. Damals fand ich mein Einkommen großartig: 24 000 D-Mark im Jahr, das war für mich eine unfassbar große Summe! Ich glaubte, ich hätte schon fast die Spitze der Einkommenspyramide erreicht. Zugegeben, damals gab es noch kein Facebook und Instagram, um zu sehen, wie viele Ferraris, Lamborghinis oder was auch immer durch die Welt fahren – selbst wenn sie vielleicht nur für kurze Zeit gemietet wurden. Ich hielt mich jedenfalls für reich, gemessen an meinem beschränkten Einkommenshorizont. Heute bekomme ich für Vorträge, die meist nur 30 Minuten lang sind, knapp 20 000 Euro. Der helle Wahnsinn! Hätte mir das damals jemand erzählt, ich hätte ihn vermutlich für verrückt erklärt. Das wäre für mich unvorstellbar gewesen.

Den Rahmen zu sprengen ist weniger eine Frage des Potenzials, das wir nicht kennen, sondern vielmehr eine Frage des Horizonts, den wir nicht kennen. **Manchmal haben wir selbst gar keine Vorstellung, was alles möglich ist.** Das erinnert an Christoph Kolumbus, in dessen Horizont eine Fahrt nach Indien lag, der bei seiner Reise auch Indianer entdeckte – allerdings unverhofft in Amerika angekommen war.

Hack 24 Das Märchen vom ewigen Newbie

Viele Menschen glauben, dass sie noch nicht so weit, noch nicht so gut, noch nicht so groß, noch nicht so bekannt sind, um eine gewisse Sichtbarkeit, eine gewisse Reputation und eine gewisse Außenwirkung zu erzielen. Und da sie daran glauben, dass sie es noch nicht sind, sind sie es logischerweise auch noch nicht. Sie sind das, was wir gerne einen »Newbie« nennen – einen Anfänger. Das ist grundsätzlich nichts Falsches im Sinne der Selbsteinschätzung. Allerdings ist es auch eine Limitierung der eigenen Realität. Wer sich als Newbie bezeichnet oder sich für einen Newcomer-Preis bewirbt, ist eben tatsächlich ein solcher.

Also, ab wann genau ist man eigentlich kein Newbie mehr? Gibt es diesbezüglich überhaupt Messkriterien und wenn ja, wie sehen sie aus? Hier ein paar Fragen dazu:

- Welches Alter muss man mindestens erreicht haben?
- Wie viele Ausbildungen muss man mindestens gemacht haben?
- Wie viel Erfahrung benötigt man mindestens?
- Wie lange muss man mindestens im Business sein?
- Und wer gibt einem das entsprechende Abzeichen, Zertifikat oder Sonstiges, das bescheinigt, dass man kein Newbie mehr ist?
- Existiert dieser Punkt überhaupt, der uns vom Newbie zum Profi werden lässt? Oder können wir sogar selbst bestimmen, dass wir einfach kein Newbie mehr sind?

Wenn wir ehrlich sind, müssen wir selbstkritisch feststellen, dass wir nie wirklich perfekt oder allwissend sein werden. **Je mehr wir wissen, desto mehr wissen wir über die Dinge, von denen wir nichts wissen.** »Ich weiß, dass ich nichts weiß«, sagte schon Sokrates und ist heute, 2500 Jahre später, immer noch prominent in unseren Köpfen.

Vermutlich bleiben wir also ein Leben lang ein Newbie. Wir wissen, dass wir so vieles noch nicht wissen. Wir spüren, dass wir so vieles noch lernen könnten. Wir erkennen, dass wir aus dem Leben scheiden werden, ohne so vieles von dem, was wir erreichen wollten, auch tatsächlich erreicht zu haben. Aber ist das wirklich so schlimm? Ich denke nicht. Und ich hoffe, dass dieser Gedankengang dich erleichtert aufatmen lässt und dir den Druck nimmt, dich permanent verbessern zu müssen. Musst du nicht!

Hack 25 Geht nicht, gibt's nicht

Im Grunde halte ich Plattitüden wie »Alles ist möglich!« oder »Geht nicht, gibt's nicht!« für ziemlich lautstark und wenig realistisch. Dennoch bestätigt meine Erfahrung, dass solche Aussagen im Hinblick auf die Frame-Transformation tatsächlich zutreffend sind. Ich kann mich an keine einzige Situation in meiner mittlerweile über 30-jährigen Beratungsarbeit erinnern, in der wir keinen passenden Rahmen, keine passende Inszenierung für eine Botschaft gefunden hätten.

Wenn ich mich selbst kritisch überprüfe und meine Aussagen noch mal unter dem Aspekt der Machbarkeit betrachte, muss ich mich korrigieren: Es gab zwei Kunden, bei denen ich das als »fraglich« oder zumindest als »schwierig« bezeichnet habe – jedenfalls zu Beginn:

- Einmal fragte mich eine Teilnehmerin bei einem meiner Workshops, ob man mit dem Thema Schönheit viel Geld verdienen könne. Tatsächlich – heute muss ich darüber herzlich lachen – war ich damals der Meinung, dass die Botschaft über Schönheit schwer zu kapitalisieren sei. Natürlich war mir klar, dass der Markt für Schönheit, Kosmetik und Models ein Multimilliarden-Markt ist. Doch die Vorstellung, eine Botschaft der Schönheit finanzstark verkaufen zu können, fiel mir einfach schwer. Im Nachhinein ist mir klar geworden, dass ich den Rahmen in meiner Aussage falsch gesetzt hatte. Denn man muss über Schönheit noch nicht einmal *reden:* Es genügt, schön zu sein – oder es zu glauben. Das meine ich vollkommen ernst. Wie viele weibliche und männliche Influencer haben es mittlerweile zu einem Millionenvermögen gebracht, ohne selbst auch nur ein einziges Mal eine »gehaltvolle« Botschaft gesendet zu haben. Ich habe gelernt: Es reicht vollkommen aus, schön zu sein oder sich schön zu machen, um Millionen von begeisterten Followern zu gewinnen, hochkarätige Werbeverträge zu ergattern oder eine Fußcreme mit einem Affiliate-Link zu verkaufen und dabei sechsstellige Umsätze zu erzielen.

- Das zweite Mal, als ich skeptisch war, ging es um Mareike Fuisz und ihre Frame-Transformation. Die Erfolgsgeschichte von Mareike habe ich dir bereits erzählt. Dazu muss ich nichts weiter sagen. Aber warum war ich anfangs zurückhaltend? Ich sah die große persönliche und in einem gewissen Maße auch die gesellschaftliche Bedeutung ihrer Botschaft. Aber ich konnte die betriebswirtschaftliche Relevanz – und damit die Nähe zum Kapitalstock – nicht erkennen. Deshalb war ich mir unsicher, wie man Mareikes Thema am Markt platzieren konnte. Doch die Antwort war einfach: Die Anzahl der Betroffenen war groß und Mareike war ihnen eine unendliche Hilfe. Gleichzeitig war ein Thema wie ihres ein Symptom dessen, was in unserer Gesellschaft fehlt: Inklusion. Und das wiederum hat Bedeutung – auch eine betriebswirtschaftliche.

Eins können wir also festhalten: **Die Frage ist nie, ob es einen sinnvollen Rahmen gibt. Die Frage ist nur, welcher es ist.**

➲ How to: Wie du dich bei Bedarf komplett neu erfindest

Nutze die Macht des Lichts

Einer meiner Lieblingssprüche lautet: »Dunkelheit kommt gegen kein Licht an.« Daran ist so viel Wahres. Wenn du im dunkelsten Raum der Welt eine Kerze anzündest, dann hast du Licht und ein wenig Helligkeit – egal, wie dunkel es ist. Die Macht der Helligkeit ist viel größer, weil sie die Dunkelheit zerreißen, zerstören kann. Die Dunkelheit jedoch vermag das Licht nicht zu löschen. **Denk daran: Es ist immer ein Licht da, nicht nur am Ende des Tunnels, sondern auch in dir.** Du bist stärker als die Dunkelheit. Und das ist gut so. Das zu wissen, verleiht dir Mut.

Natürlich kannst du dich schlecht in Social Media, bei einer Buchlesung oder auf einer Bühne mit Klarnamen und ohne besondere Vorsichtsmaßnahmen mit der Ansage präsentieren: »Mein Mann hat mich vergewaltigt und nun spreche ich in aller Öffentlichkeit darüber.« Das wäre töricht und potenziell gefährlich. Aber so ein Auftritt könnte in ganz besonderer Art und Weise inszeniert werden, sodass deine wahre Identität ausreichend verschleiert und gleichzeitig deine Sichtbarkeit erhöht wird. Glaubst du mir nicht? Dann lass uns das an diesem fiktiven Beispiel einmal durchgehen, für das ich mir Michaelas Geschichte ausborge:

B Als Erstes gibst du dir einen Künstlernamen, lässt diesen direkt in deinem Pass eintragen und beginnst damit, deine neue Rolle als Public Persona einzunehmen. Du könntest dich beispielsweise Black Beauty nennen und dir, deiner Inszenierung und deinen Auftritten einen schwarzen Rahmen verpassen – genauso schwarz wie die Seele deines Peinigers.

Angenommen, du würdest ein Buch herausbringen mit dem Titel *Mach die Beine breit, ich hatte einen schlechten Tag – Mein Leben mit einem Narzissten.* Logischerweise wäre das ein pechschwarzes Buch mit blutrotem Titel, dessen Autorin du mit deinem Künstlernamen bist. Und dein Autorenfoto? Das wäre natürlich eine Schwarzweißaufnahme im

Low-Key-Modus. Darauf ist von dir nur wenig zu sehen. Du bist umhüllt von einem schwarzen Hoody oder einer anderen Kopfbedeckung, trägst eine große schwarze Sonnenbrille und einen schwarzen Schal. Genauso gekleidet könntest du auch Lesungen in Buchhandlungen durchführen, mit einer schwarzen Limousine mit getönten Scheiben vorfahren, im besten Fall würden noch zwei Bodyguards aussteigen, die dir die Autotür öffnen.

Stell es dir mal bildlich vor: Du steigst elegant aus, komplett in Schwarz gekleidet, mit deinem schwarzen Hoody oder deinem charakteristischen Hut, der großen Sonnenbrille, dem schwarzen Schal, dazu ein langer schwarzer Mantel, dessen breiter Kragen hochgestellt ist. Das Einzige, was von dir zu sehen ist, sind deine blutroten (oder wenn du willst auch schwarz bemalten) Lippen. Du lässt dich schnell durch den Hintereingang in die Buchhandlung bringen. Dort hältst du deine Lesung hinter einem schwarzen Vorhang oder einer Schattenwand. Allein das wäre doch schon eine spannende Situation, aus der jede Menge Neugier und Aufmerksamkeit erwachsen. Auf diese Weise hast du nicht nur den Vorteil, dass du unerkannt bleibst, sondern kannst dir auch sicher sein, dass die Menschen mit noch größerer Begeisterung und regem Interesse deinen Worten folgen.

Und wenn diese Inszenierung schon zur Buchpremiere erfolgt, unterstützt durch die schwarz gekleideten Bodyguards, die diese strengen Sicherheits- und Personenschutzvorkehrungen auf den Buchmessen in Frankfurt und Leipzig durchführen, dann ist der Bestseller-Status doch fast gesichert, oder? Ich sehe regelrecht vor mir, wie die Polizisten in jeder Stadt zu den Buchhandlungen gerufen werden, weil sich Teilnehmer und potenzielle Gäste um die Eintrittskarten und die Sitzplätze reißen.

◆◆◆

Wie schon gesagt: Den Spruch »Geht nicht, gibt's nicht!« finde ich offen gestanden ein wenig übertrieben. Manche Dinge gehen wirklich nicht. Aber was den Frame-Findungsprozess betrifft, habe ich tatsächlich noch nie erlebt, dass etwas nicht gegangen wäre. Oftmals sind sogar genau die Gründe, warum etwas nicht gehen könnte, der ideale Rahmen für eine Inszenierung und damit der passende Frame.

So wie in dem Beispiel eben: *Gerade weil* man sich nicht offen zeigen kann, wird diese Inkognito-Identität der Game-Changer. Anstatt zu überlegen, welche Gründe eine Sichtbarkeit verhindern, lautet die viel interessantere Frage: Wie kann man diese Gründe einsetzen, um seine Sichtbarkeit aufzubauen?

Nehmen wir an, du bist schüchtern. Dann wäre das auf den ersten Blick ein klarer Grund, nicht in die Sichtbarkeit zu gehen. Aber lass uns die Blickrichtung verändern: Gibt es in Deutschland nicht Millionen von schüchternen Menschen? Wäre das nicht eine wunderbare Zielgruppe? Und nun kommt das Beste: Wenn du selbst schüchtern bist und eine Botschaft für Schüchterne hast, dann darf deine Botschaft auch schüchtern rübergebracht werden. Du brauchst auf deiner Bühne, welche auch immer das ist, gar kein Rockstar zu sein, wenn dir das nicht liegt. Im Gegenteil: In unserem Beispiel darfst du das gar nicht sein! Stell dir vor, du würdest da richtig Vollgas geben, laut sein, auffallen. Das wäre für deine Zielgruppe erschreckend. Zudem würdest du wenig bis gar nicht authentisch erscheinen und wärst als Vorbild für Schüchterne unerreichbar.

Nur weil etwas auf den ersten Blick schwierig, knifflig, zu kompliziert oder gar komplex erscheint, heißt das nicht, dass in dem Fall nichts zu machen ist. Hast du eine Botschaft, die es verdient hat, nach außen getragen zu werden, weil sie anderen hilft, ihr Leben verbessert oder die Welt verändern könnte? Dann lass deiner Kreativität freien Lauf und finde einen passenden Frame dafür.

Identifiziere die größten Hürden und Stolpersteine. Wie könntest du sie elegant überwinden? Wer kann dir dabei helfen? Du musst schließlich nicht alle deine Kämpfe allein ausfechten.

Nimm eine Hürde nach der anderen

Nichts hat mich so schnell und so sehr vorangebracht wie die Erkenntnis, dass wir *iterativ* wachsen müssen. Was ich genau damit meine? Dass man eine Idee relativ schnell, manchmal geradezu unausgereift in die Umsetzung bringt, um sie dann immer wieder um einen Tacken zu verbessern. So erreicht man eine hohe Schlagzahl und sorgt gleichzeitig für Abwechslung zwischen Ausprobieren und Verbessern. Ich habe hier übrigens bewusst auf das Wort »Planung« verzichtet! Denn die meisten Menschen planen viel zu lange und probieren viel zu wenig aus. Irgendwann kommen sie vielleicht mal ins Handeln, doch direkt im Anschluss planen sie wieder endlos lange den nächsten kleinen Schritt.

Mir ist vollkommen klar, dass Perfektionisten bei so einem Vorschlag laut aufheulen. Dennoch bestehe ich darauf. Vehement sogar. Natürlich können wir nicht mit jedem Mist an den Markt gehen. Doch es bringt auch nichts, sich in übertriebenem Perfektionismus zu verlieren und endlos zu warten: Lass mich das gerne an einem Beispiel verdeutlichen:

> *Nehmen wir an, du willst ein Online-Seminar durchführen. Natürlich ergibt es Sinn, das Seminar in guter Qualität am Markt zu positionieren. Dennoch wirst du nicht in der Lage sein, all die technischen, inhaltlichen und rhetorischen Herausforderungen, vor die du gestellt wirst, in guter oder sehr guter Qualität zu erfüllen. Im Gegenteil: Je länger du planst, umso größer werden die Anforderungen von außen und die Ansprüche, die du an dich selbst stellst. Ich möchte sogar behaupten, dass du ab einer gewissen – gar nicht so langen – Planungszeit sogar die Gefahr erhöhst zu scheitern.*

Wir sind alle nur Menschen. Wir können nur eine gewisse Anzahl von PS auf einmal auf die Straße bringen. Wir beschleunigen selten von 0 auf 200 aus dem Stand heraus. Deshalb: Such Möglichkeiten, die Dinge schneller, einfacher und vor allem schrittweise auf die Straße zu bringen. Du kannst zum Beispiel im stillen Kämmerlein einen Probelauf machen und das Ganze zur späteren Analyse aufzeichnen oder ein Online-Seminar vor Freunden und Partnern durchführen. Als Nächstes suchst du dir eine kleinere Gruppe von wohlgesonnenen Kunden und dann ziehst du den Kreis immer größer und weiter, was Quantität und Qualität betrifft. Du wächst an deinen Aufgaben und meisterst eine Herausforderung nach der anderen!

Der Schlüssel zum Erfolg liegt nicht in der Planung, sondern in der Umsetzung. Je höher deine Schlagzahl ist, desto schneller kannst du erkennen, was verbessert werden muss. Dann verbesserst du es und probierst es erneut. Das ist der Schlüssel zu echtem Wachstum.

B Schmiede große Pläne – deine Sternstunde in New York

Stell dir vor, du bist unterwegs nach New York. Gerade beginnt der Landeanflug. Als Erstes solltest du diese aufregende Stadt genießen, ihre Energie regelrecht aufsaugen in jede Zelle deines Körpers. Mach dir klar, dass es keine Stadt gibt, in der sich so viele Menschen, Künstler, Unternehmer, Unternehmen und Märkte neu erfinden wie in New York. Natürlich gibt es noch andere großartige Städte wie Shanghai, Dubai oder San Francisco. Doch nach wie vor wird New York gerne als die Hauptstadt der Welt bezeichnet. Und wie heißt es so schön: »Wenn du es in New York schaffst, dann schaffst du es überall.« Also, worauf wartest du?

Selbst als Newbie kannst du in New York einfach einen Meetingraum mieten. Wenn du direkt nach den Sternen greifen willst, gerne im Mandarin Oriental – in meinen Augen das beste und schönste Hotel in New York, aber eben auch eines der teuersten. Keine Sorge, eine Stunde für einen Meetingraum liegt selbst dort noch im dreistelligen und damit durchaus erschwinglichen Bereich. Eine wertvolle Stunde Zeit für deine Sichtbarkeit und deine Außenwirkung. Veranstalte dort ein internationales Symposium zu deinem Thema. Als Kosmetikerin könnte es das erste internationale Beauty-Symposium sein, als Designer das erste internationale Design-Symposium, als Coach das erste internationale Mindset-Symposium. Das sind nur einige x-beliebige fiktive Beispiele – an sich kannst du mit jedem Thema ein Symposium, einen Kongress, eine Tagung, ein Camp oder was auch immer auf die Beine stellen.

In einer Millionenmetropole wie New York wirst du immer Menschen finden, die sich mit deinem Thema direkt oder indirekt beschäftigen.

Diese Leute kannst du als Gäste, Experten, Interviewpartner oder Diskussionsteilnehmer zu deinem Symposium einladen. Wenn du Protagonisten aus dem wissenschaftlichen Bereich einladen möchtest, so ist dies in einer Stadt, in der es eine Vielzahl von Universitäten, Hochschulen, Lehranstalten und Institute gibt, jederzeit möglich. Es würde mich nicht wundern, wenn du sogar einige Professoren gewinnen könntest. Du kannst eine Expertenrunde veranstalten, einen Round-Table durchführen oder in irgendeiner anderen Art und Weise mit deinen Gästen über das Thema deines Symposiums und die bestehenden Herausforderungen diskutieren. Zusätzlich könntest du Passanten direkt am Columbus Circle, dem einzigen Kreisverkehr in New York City, zu ihrer Meinung zu deinem Thema interviewen, Podcasts aufnehmen oder Videos machen. Es gibt so viele Möglichkeiten – deiner Kreativität sind keine Grenzen gesetzt. Hol aus einem New-York-Aufenthalt das Beste heraus!

Zugegeben, die Wirkung, die dieses kleine Event bei den wenigen Gästen erzielen wird, mag nicht gerade revolutionär sein. Unter dem Aspekt eines intimen oder gar elitären Meetings mit einem Experten aus Europa (ja, damit bist du gemeint!) kann es dennoch wirkungsvoll sein. Schließlich hast du hier die Möglichkeit, Content auszutauschen, unterschiedliche Meinungen und Ansichten zu sammeln und dich im Kreise dieser elitären Gruppe fotografieren zu lassen. Das ist es, was ich als »Innenwirkung« bezeichne. Denn das hast du alles ganz allein auf die Beine gestellt. Respekt!

Deine Sternstunde in New York mit Gesprächen, Podcasts, Videos und Fotos wird blitzschnell vergehen. Doch damit fängt die Arbeit, aber vor allen Dingen der Erfolg erst an! Denn nun hast du eine Menge Material, das du im Nachklapp auf allen deinen Kanälen und in deiner Pressearbeit nutzen kannst. Vielleicht reicht es sogar für ein ganzes Buch oder liefert zumindest den Grundstein dafür. Verzeih mir bitte, wenn ich jetzt mal ganz groß denke, aber ich sehe schon die Schlagzeilen vor mir, in denen dein Name auftaucht. »*DEIN NAME* veranstaltet 1. internationales Symposium in New York City mit elitären Experten«. Ich sehe, wie deine Heimatzeitung stolz über dich berichtet und dabei das Foto zeigt: du inmitten der New Yorker Elite in deinem Bereich. Ich sehe in deinen Social-Media-Accounts und auf deiner Webseite die Bilder, die Snippets und die Schlagzeilen zu deiner Veranstaltung in New York. Ich höre schon dein Telefon klingeln, deinen E-Mail-Eingang piepsen, weil sich pausenlos Interessenten, Medienvertreter und potenzielle Kunden melden, die Fragen an dich haben, dich kennenlernen oder mit dir zusammenarbeiten wollen. Und ich höre auch schon deine Eltern, deine Freunde oder deine Kinder, die dir sagen, wie stolz sie auf dich sind.

Spätestens dann kannst du lächeln, liebevoll auf die aufregende Stunde in New York zurückblicken und sowohl dir selbst als auch der Welt gegenüber mit Fug und Recht behaupten, dass du kein Newbie mehr bist. Denn du hast den üblichen Rahmen erfolgreich gesprengt.

Statt zu jammern, dass du noch nicht so weit bist, ist es viel euphorisierender, dich auf den Weg zu machen und auf dem Weg zu sein. Folgende Fragen können dabei hilfreich sein:

- Mit welchen Aktivitäten kommst du in den Kopf deiner zukünftigen Kunden? Mach dir gerne einige verrückte Gedanken: eine Lesung im Kloster, eine Präsentation auf einem Transatlantikflug, ein Treffen in einem Bergwerksschacht, ein Meeting im Adlon Berlin, eine Veranstaltung in einer Seilbahn, ein Gipfeltreffen auf einem Berg, ein Meeting mit einem Nobelpreisträger – die Möglichkeiten sind nahezu endlos.
- Welchen internationalen, kompetenten, unwiderstehlichen, prominenten, wissenschaftlichen oder elitären Rahmen könntest du wählen?
- Mit welchen Menschen solltest du dich zusammentun und zeigen?
- Welche Plattformen, Medien und Kanäle wären dafür sinnvoll?

Wer nicht weiß,
wer er ist, kann
den richtigen Weg
nicht sehen.

6. Frame-Introspektion: Den inneren Rahmen abstecken

Das Erkenntnisproblem: Wer nicht weiß, wer er ist, kann den richtigen Weg nicht sehen

B

»Ich habe keinen Smoking, darf ich trotzdem kommen?« Diese Frage höre ich hunderte Male im Jahr vor der Abschlussveranstaltung unseres Kernprogramms. Das GOLD-Programm, das mittlerweile viele tausend Menschen, die zu einer Marke werden wollten, erfolgreich absolviert und vor allen Dingen erfolgreich umgesetzt haben, ist anspruchsvoll und anstrengend. Denn hier wird nicht nur tagsüber, sondern auch an den Abenden eine erstklassige Leistung von den Teilnehmern erwartet. Deshalb gibt es zum Abschluss des Programms auch ordentlich was zu feiern. Und wenn wir feiern, dann feiern wir richtig! Wir veranstalten einen Gala-Abend mit allem Drum und Dran: exquisite Gerichte vom Sternekoch, spektakuläre Auftritte von Künstlern, eine hervorragende Live-Band – und das Ganze in einem elitären, luxuriösen Rahmen. Dafür haben wir sogar ein Restaurant gekauft, damit wir unsere Teilnehmer nicht nur standesgemäß, sondern sogar noch besser bewirten können.

Auf der Einladung für den Gala-Abend steht »Black Tie«. Das ist der Dresscode, der besagt, dass es sich um einen offiziellen, festlichen Anlass nach 18:00 Uhr handelt. Hier ist stilvolle, elegante Kleidung gefragt: Die Herren erscheinen im Smoking und die Damen im Abendkleid. Das machen wir bei allen unseren Veranstaltungen weltweit so – egal ob in New York, San Francisco, Bangkok oder Dubai. In New York chartern wir beispielsweise immer eine große Yacht, die 500 Personen fassen könnte, fahren dann auf dem Hudson zwischen die Südspitze Manhattans und der Freiheitsstatue und verleihen vor dieser sensationellen Kulisse die Diplome. Es soll ein außergewöhnlicher und unvergesslicher Rahmen sein, der unter anderem durch die Kleidung der Teilnehmer unterstrichen wird. Dabei geht es nicht nur um das Aussehen, sondern auch um den mentalen Rahmen, der sicherlich ein anderer ist, wenn man einen Smoking im Vergleich zu einer Jeans trägt.

Rund ein Fünftel der eingeladenen Männer stellt trotzdem die Frage, ob sie auch ohne Smoking an unserem Gala-Abend teilnehmen dürften. (Teilnehmerinnen haben mich übrigens noch nie gefragt, ob sie auch anders gekleidet kommen könnten.) Dann schlagen immer zwei Seelen in meiner Brust. Die liebevolle, empathische Seele lässt natürlich auch Teilnehmer im Anzug oder in anderer Kleidung zu diesem Abend zu. Grundsätzlich kann es mir schließlich egal sein, ob die Partygäste nun im Smoking erscheinen oder nicht. Sie sollen vor allem Spaß haben und einen wunderbaren Abend erleben, der oft in den wildesten Clubs der jeweiligen Stadt endet. Nicht zuletzt haben sie durch die Buchung des Programms ja auch dafür bezahlt. Deswegen lautet meine Antwort immer »Ja«. Aber richtig finde ich das nicht unbedingt. Denn ich stelle mir jedes Mal die Frage, ob ich den Menschen damit wirklich etwas Gutes tue oder ob ich sie besser sanft dazu »zwingen« sollte, sich für diesen Anlass richtig schick zu machen. Denn hinter dieser oberflächlich erscheinenden Bitte um ein elegantes Outfit steckt etwas Tiefergehendes, das uns beflügeln kann. Etwas, das ich als das größte Erfolgsgeheimnis bezeichne – zumindest wenn man es in der Tiefe verstanden hat.

Es geht mir darum, dass diese Menschen sich hoffentlich diesen schicken Smoking oder das elegante Abendkleid nicht nur für diesen einmaligen Anlass kaufen. Ich hege natürlich die Hoffnung, dass sie diese Kleidungsstücke in Zukunft noch häufig anziehen werden, weil sie auf viele grandiose Veranstaltungen eingeladen sind, wilde Partys feiern, internationale außergewöhnliche Events erleben dürfen oder sogar bald selbst exklusive Veranstaltungen organisieren und durchführen, bei denen ein Smoking oder ein Abendkleid angebracht ist. Insofern geht es mir gar nicht so sehr um den äußeren Rahmen, den die Gala-Garderobe darstellt, sondern um den inneren Frame.

Wenn du dir ein Fahrrad kaufst, gibst du dir bewusst oder unbewusst das Versprechen, dieses Fahrrad in Zukunft auch zu nutzen. Und so ist der Kauf eines Smokings oder Abendkleids ebenfalls mehr als eine Investition in diesen einen Abend. Es ist das Versprechen für die Zukunft, dass du viele solche Abende erleben darfst. Und es soll dir zeigen, dass dein Leben viele glanzvolle, glamouröse Momente in sich trägt.

Greta Silver, deren Erfolgsgeschichte ich dir schon erzählt habe, nennt das: »Bring dich selbst zum Leuchten.« Ich kann ihr nur zustimmen. **Wer von sich behauptet, keine Expertise zu haben, wer sich einredet, nichts richtig zu können, verfällt häufig in Untätigkeit, in eine Art Starre.** Anstatt die Fragen von sich weg zu richten und damit auf eine potenzielle Positionierung oder den Markt zu achten, ist es viel spannender, authentischer und bereichernder, auf die Dinge zu schauen, die schon da sind, in unserem Inneren, in unserem Wesen.

Wir erschaffen unsere eigene Realität

Wenn wir uns selbst und die Prinzipien des Erfolgs wirklich verstehen wollen, müssen wir uns bewusst machen, dass das Ich nicht mehr und nicht weniger als eine fiktionale Geschichte ist. Eine Geschichte, die wir uns selbst und anderen erzählen. Es gibt einen schönen Spruch, der da lautet: »Menschen fahren nicht in die Berge oder ans Meer. Sie fahren zu dem Bild, das sie davon haben.« Und dieses Bild weicht häufig von der Realität ab. Im Zeitalter von Facebook und Instagram wird die Realität sogar von virtuellen Mythen abgelöst. Ein Teil unseres Seins ist in den Computer ausgelagert worden. Es ist faszinierend und erschreckend zugleich, dass Menschen unzählige Stunden damit verbringen, online ein perfektes Ich zu konstruieren und auszuschmücken. Viele hängen sogar so sehr an ihrer eigenen Schöpfung, dass sie diese fälschlicherweise für die Wahrheit über sich selbst halten. So mutiert der letzte Familienurlaub, in dem es ätzende kilometerlange Verkehrsstaus, diverse Streitereien und so einige Phasen angespannten Schweigens gab, zu einer gefilterten und retuschierten Aneinanderreihung wunderbarer Ausblicke, perfekter Abendessen und immerzu lächelnder Protagonisten. Alles Augenwischerei!

Ich möchte gar nicht wissen, wie sich die Welt verändern würde, wenn die Fotografie imstande wäre, die wahren Gefühle einzufangen und abzubilden, die die Menschen bei der Aufnahme haben. Eben nicht die Fassade, die Maske, die sie nach außen tragen, sondern ihre echten Emotionen in diesem Augenblick. Meine Vermutung: Die echten Gefühle stehen den gezeigten Gefühlen oft diametral gegenüber.

In unserem Kopf steckt ein Geschichtenerzähler, der erklärt, wer wir sind, woher wir kommen, wohin wir wollen und was jetzt gerade geschieht. Genauer gesagt – Achtung, das ist entscheidend! – erklärt er uns nicht, was jetzt gerade geschieht. Er erklärt uns, *was er glaubt*, was jetzt gerade geschieht. **Der Geschichtenerzähler in unserem Kopf steckt alles in einen Rahmen.** Jedoch nicht in einen objektiven Frame, sondern in den der subjektiven Erfahrungswelt (negativ formuliert: in den Rahmen des Gedankengefängnisses). Deswegen ist dieser Rahmen das Entscheidende. Und wir kennen ihn alle. Es handelt sich um das, was wir gemeinhin mit dem Wort »Mindset« umschreiben.

Unsere Reaktion auf die Welt

Michel Friedman, der deutsch-französische Jurist, Philosoph, Politiker, Publizist und Talkmaster war zeitweise stellvertretender Vorsitzender des Zentralrats der Juden in Deutschland, Herausgeber der Wochenzeitung *Jüdische Allgemeine* sowie von 2001 bis 2003 Präsident des Europäischen Jüdischen Kongresses. Vor einigen Jahren war er Referent im GOLD-Programm zum Thema Argumentation. Damals sagte er zu mir: »Wir belügen uns alle selbst. Anders haben wir gar keine Chance zu überleben.« Auch wenn dieses Zitat hier ein wenig aus dem Zusammenhang genommen ist, so machte mich dieser kluge Satz sehr nachdenklich. Meine Erkenntnis daraus: Was passiert, wenn jemand seine Wahrnehmung, die eine Reaktion auf die Welt darstellt, ändert? Dann ändert er damit auch, wie die Welt auf ihn reagiert. Und wer das ändert, der ändert tatsächlich die Realität.

Ich glaube, dass es keine echte Realität gibt. Im Gegenteil: **Ich bin fest davon überzeugt, dass wir uns unsere Realität erschaffen.** Wie wäre es sonst zu erklären, dass manche Menschen in Krisenzeiten fokussiert weitermachen und mit diesem Mindset in der Lage sind, trotz der widrigen Umstände das Beste aus sich und der aktuellen Misere herauszuholen?

> **Wer seine Wahrnehmung ändert, der ändert seine Persönlichkeit und wer seine Persönlichkeit ändert, der ändert seine persönliche Realität.** Die große Kunst ist, immer wieder den Fokus richtig zu setzen, immer wieder diesen Hebel umzulegen, immer wieder das Positive nicht nur zu sehen (weil es vielleicht gerade gar nicht da ist), sondern aktiv zu erschaffen. Weil wir die Hoffnung haben, dass wir es schaffen können. Weil wir daran glauben, dass wir erfolgreicher, besser, glücklicher, zufriedener werden können, wenn wir es nur wollen und alles in unserer Macht Stehende dafür tun, um es Wirklichkeit werden zu lassen.

Meine Hacks: Strategien, Irrtümer und Chancen der Frame-Introspektion

Hack 26 Es gibt keine Objektivität, auch wenn das so viele behaupten

Häufig höre ich Menschen in Diskussionen sagen, dass man dies oder jenes vollkommen objektiv sehen müsse. Doch damit lügen wir uns in die eigene Tasche: Egal was wir betrachten, es ist niemals objektiv, sondern immer durch unsere eigene Brille eingefärbt, verzerrt und damit grundsätzlich subjektiv. Es gibt schlichtweg keine hundertprozentige Objektivität. Objektiv ist etwas, das unabhängig vom menschlichen Bewusstsein existiert. Radioaktivität ist beispielsweise kein Mythos, sondern objektiv vorhanden. Subjektivität hängt indes mit dem Betrachter und dessen Art, die Dinge zu sehen, zusammen. Viele Kinder glauben felsenfest an die Existenz ihres imaginären Freundes, den andere weder sehen noch hören können.

So wie Imageberater, Presse- oder Regierungssprecher die neusten politischen Wendungen subjektiv erklären, versteht auch der innere Erzähler Dinge wiederholt falsch, gibt das aber nur selten zu. Wenn überhaupt. Und so wie eine Regierung einen nationalen Mythos mitsamt Flaggen, Ikonen und Paraden schafft, so erzeugt deine innere Propagandamaschine deinen persönlichen Mythos mit verklärten Erinnerungen und verbrämten Traumata, die oftmals ziemlich wenig Ähnlichkeit mit der »objektiven« Wahrheit haben.

Wir sehen also nicht die ganze Wahrheit, sondern nur den Teil der Wahrheit, den unser Blickwinkel zulässt. Wenn du das verstanden hast, dann hast du das Leben verstanden und die Formel für Erfolg gefunden. Denn nun kannst du dich steuern und der wahre Kapitän deines Lebensschiffs sein. Du kannst dich selbst manipulieren. Das ist übrigens wesentlich besser als es klingt. Denn das Wort »manipulieren« kommt aus dem Lateinischen – von *manus* »Hand« und *plere* »füllen«. Wörtlich bedeutet es »eine Handvoll (haben)«. Im übertragenen Sinne heißt es, dass wir etwas in der Hand haben und es durch bewusste Beeinflussung in eine bestimmte Richtung lenken können. Und wir wollen unser Leben doch gerne in der Hand haben und in die richtige Richtung lenken, stimmt's?

Das, was du dir erzählst, ist nicht die Wahrheit, sondern deine Sicht, dein Blick auf die Realität und deine persönliche Interpretation. **Das ganze Leben ist ein Selbstbetrug.** Und das meine ich nicht nur vollkommen ernst, sondern auch respektvoll. Derjenige, der in der Lage ist, sich selbst besser zu betrügen als der andere, hat gewonnen!

Hack 27 Wir bewerten immer

Ich hatte die Ehre, einige Zeit an der renommierten Friedrich-Schiller-Universität in Jena zu lernen und zu lehren. Das war für mich eine spannende Erfahrung am Lehrstuhl für Philosophie und Ethik, insbesondere weil die Fragestellungen, die dort behandelt wurden, oftmals von den typischen Denkstrukturen losgelöst waren – ein ganz anderer Frame. In der Philosophie versucht man ja mitunter Antworten auf Fragen zu finden, die durchaus nicht als »alltäglich« oder »normal« bezeichnet werden können. Zum Beispiel stellt man sich die Frage, ob Pflanzen Gefühle haben. (Diese Frage fand ich noch weitaus nachvollziehbarer als die Frage, ob auch Steine Gefühle haben könnten.)

Eine Fragestellung hat mich besonders beeindruckt, das war kurz nach der schrecklichen Katastrophe am 26. Dezember 2004: Das Erdbeben im Indischen Ozean, dessen Epizentrum 85 Kilometer vor der Nordwestküste der indonesischen Insel Sumatra lag. Das drittstärkste jemals aufgezeichnete Beben löste eine Reihe von verheerenden Tsunamis aus. Rund 230 000 Menschen verloren ihr Leben, es gab mehr als 110 000 Verletzte und über 1,7 Millionen Küstenbewohner rund um den Indischen Ozean wurden obdachlos.[30]

Die provokative philosophische Frage in der Vorlesung lautete: »Ist es gut oder schlecht, wenn 230 000 Menschen bei einem Tsunami sterben?« Allein die Frage machte mich damals mehr als wütend. Wie konnte man so eine Frage überhaupt stellen? Das war doch eine Unverschämtheit! Natürlich darf man grundsätzlich jede Frage stellen, die Besonderheit liegt in der Antwort. Und die Antwort des Professors war etwas, das mich wirklich verblüffte: Es ist neutral. An und für sich ist demzufolge alles, was wir erleben, neutral. Erst unsere Bewertung verändert das Ganze. Das heißt, selbst der Tod von 230 000 Menschen ist zunächst neutral. Unsere Bewertung macht es zu dem, was es dann – zumindest für uns persönlich – ist. Ganz und gar subjektiv. **Wir bewerten immer und selbst wenn wir nicht bewerten oder besser gesagt glauben, nicht zu bewerten, auch dann bewerten wir.**

So wird beispielsweise der Tod je nach Kulturkreis anders bewertet. In unserer Kultur hat das Leben einen höheren Wert als der Tod. Deswegen feiern wir Geburten und freuen uns darüber, während wir dem

Tod mit Tränen in den Augen gegenüberstehen. Das ist aber nicht in allen Kulturkreisen so. In manchen Kulturen dieser Erde wird der Tod positiver bewertet und man freut sich für die Menschen, die verstorben sind. Für viele Kulturen ist der Tod der Übergang in eine neue, schöne Daseinsform – ob das nun die ewigen Jagdgründe oder die Wiedergeburt ist oder was auch immer. Jede Religion zeichnet auf ihre Weise ein Bild davon, wie unser Dasein weitergeht, wenn unser irdisches Leben zu Ende ist.

Uns ist heute klar: Der irdische Tod ist eine biologische Tatsache. Daran ist – zumindest bisher – nicht zu rütteln. Die Wissenschaft hat mittlerweile die Geheimnisse rund um das Sterben hinreichend gelüftet. Alles irgendwie logisch und nachvollziehbar. Doch früher haben Menschen händeringend nach Antworten gesucht, warum es den Tod überhaupt gibt. Das war eine zentrale, universelle Frage. Das Sterben war ein unerklärliches Phänomen, das jeden überall und jederzeit treffen konnte. Um unser sicheres Ableben erträglicher und vermutlich auch weniger furchteinflößend zu machen, ersann jedes Volk, jede Religionsgemeinschaft eine halbwegs plausible Erklärung dafür, warum der Tod unvermeidlich ist und was das alles für uns bedeuten könnte, denn ohne tieferen Sinn wäre das Dasein auf dieser Erde schier undenkbar. Die Wahrheit kennen nur jene, die bereits verstorben sind. Wir müssen uns mit den Geschichten begnügen und diejenige für uns auswählen, die uns am ehesten zusagt.

Immer und überall erzählen wir uns Geschichten und wollen inbrünstig an diese Geschichten glauben. **Nichts ist gut oder böse. Erst das Denken, das Bewerten macht es dazu.** Und damit wird auch deutlich, dass es keine Objektivität gibt.

Hack 28 Das Leben ist nicht beschissen

Meine Außenwirkung als Pragmatiker, als Macher, als Vorangeher und jemand, der die Dinge schon hinbringen wird, ist sicherlich ein zentraler Bestandteil meines Lebens. Das ist ein Bild, das ich gerne lebe. Das gelingt mir oft, aber nicht alle Tage. Vor Kurzem ist es mir mal wieder nicht so gut gelungen. Das war ein Strudel aus wieder mal nicht wissen, wie es weitergeht mit Regierung und Politik, eine Flut diverser kleinerer Schwierigkeiten und mein dauerhaftes Problem, dass ich das Leben zu wenig genieße. Als der liebe Gott den Genussfaktor verteilt hat, war ich anscheinend gerade nicht auffindbar. Ich bin jemand, der bei der Arbeit gern Vollgas gibt und darüber vergisst, was das Leben sonst noch alles Schönes zu bieten hat. Das ist mir an jenem Tag wieder schmerzlich bewusst geworden – und so kam einfach alles zusammen. Immer wenn mir das passiert, mutiere ich kurzzeitig zum Fatalisten. Dann beginne ich gedanklich damit, alles hinzuwerfen, weil alles so elend ist und überhaupt. Das ist zum Glück in der Regel am nächsten Tag schon wieder vorbei.

Doch letztes Mal habe ich mir Zeit genommen, um mein Unwohlsein, mein Unbehagen, meine Zweifel und meinen Groll zu ergründen. Ich habe mir auch überlegt, was ich proaktiv machen könnte, um das Thema auch für zukünftige schlechte Tage zu lösen. Meine Erkenntnis habe ich mir in einem Satz notiert, den ich großartig finde. Denn dieser Satz macht mich, wenn ich in der Opferrolle feststecke und aus dem Jammertal gar nicht mehr rauswill, wieder zum Gestalter meines Lebens. Damit der Satz so richtig reinhaut, habe ich sogar Fäkalsprache benutzt: **»Wenn dein Leben so beschissen ist, warum machst du es dann nicht besser?«** So mache ich mir in den dunklen Stunden wieder bewusst, dass ich – und übrigens nur ich! – mein Leben ändern kann. Das mag banal klingen, denn das wissen wir eigentlich alle. Aber wir tun es so oft nicht.

Natürlich ist mir vollkommen klar, dass das Leben nicht nur aus Limonade, Kuchen und Sonnenblumen besteht. Aber ich habe mir fest vorgenommen, ab sofort die Dinge, die mir nicht gefallen, auch wirklich zu ändern, sofern es denn in meiner Macht liegt. Das muss gar nichts Weltbewegendes sein. Es sind viele Kleinigkeiten, die aber in der Summe mein Leben so viel schöner machen. Zum Beispiel will ich die Dinge, die ich nicht mehr machen mag, einfach nicht mehr tun müssen. Und wenn es sich doch nicht vermeiden lässt, möchte ich diese lästigen Pflichten wenigstens anders, mit mehr Spaß oder in irgendeiner Form entspannter oder glücklicher tun. Diese Übereinkunft mit mir selbst hat mir ein Gefühl des Machtvollen und gleichzeitig ein Gefühl der Achtsamkeit gegeben. Eben immer wieder mal, auch im Kleinen darauf zu schauen, was nicht passt, und es dann nach Möglichkeit zu ändern.

Was machst du, wenn dich das Leben nervt? Wenn alles beschissen ist und du im Jammertal feststeckst? Finde deinen kraftvollen Satz – bis dahin darfst du dir gerne meinen ausborgen. Aber vor allem: Belass es nicht bei Lippenbekenntnissen. **Werde aktiv, tu was gegen die Dinge, die dich stören, die dich bremsen, die dich unglücklich machen.** Das Leben ist zu kurz für solchen Mist!

Hack 29 Das Leben ist ein Wunschkonzert

Es gibt ja so einige Dinge, die ich an unserer Branche auszusetzen habe. Über eine Aussage stolpere ich schon viele Jahre. Welche das ist? Dass es angeblich nur darum geht, leidenschaftlich zu sein. Das klingt so, als würde es ausreichen, jeden Morgen »Tschakka!« zu rufen und sich selbst noch mal die Bedeutung und die Passion der eigenen Botschaft zu verdeutlichen. Versteh mich bitte nicht falsch, natürlich ist Leidenschaft ein gutes, ja sogar ein unabdingbares Attribut, um erfolgreich zu werden. Aber das allein ist etwa so effektiv wie Zahnpasta ohne Zahnbürste. Es reicht nicht aus. Leidenschaft darf nicht nur daran gemessen werden, wie sehr du für dein Thema brennst, sondern wie viel du für dein Thema tust. Aber Achtung: Damit meine ich nicht irgendwelche, sondern wirklich wirksame Dinge. Leidenschaftlich tätig sind viele für vieles, aber nur wenige sind bereit, dies auch nach außen zu tragen. Du musst also nicht nur an deiner Botschaft feilen, sondern sie auch effektiv verbreiten.

Meine These ist, dass das Leben – Achtung, das klingt jetzt sehr vermessen! – ein Wunschkonzert ist. Du kriegst alles auf einem Riesenbuffet aufgebaut. Dort findest du Glück, Liebe, Beziehungen, Freundschaften, Geld, Besitz, Immobilien, Sportwagen und noch mehr Geld. Eigentlich brauchst du nur zuzugreifen. Du kannst dir alles von diesem Buffet holen – wenn du den entsprechenden Preis dafür bezahlst. Denn vor dem Wunschkonzert des Lebens steht ein Kassenhäuschen. Wenn du etwas haben willst, musst du vorher einen Preis zahlen. Und dieser Preis ist der Fleiß. Gefragt ist Agilität statt Passivität. Handeln statt Hoffnung. Wie bereits gesagt: Hoffnung zerstört Handlung, denn Menschen, die hoffen, handeln meistens nicht. Und: Warten gehört ebenfalls nicht zu den dominanten und vielversprechenden Erfolgsstrategien, auch wenn viele genau das tun.

Wie oft regen Leute etwas an, eine Aktion, einen Versuch, einen Entwicklungsschritt – und dann warten sie. Sie warten auf das Ergebnis. Tatenlos. Regungslos. Aber in der Zwischenzeit könnte man doch schon längst etwas anderes tun, die nächste Aktion planen, einen weiteren Schritt unternehmen, einen neuen Kunden ansprechen. Aber nein! Die Leute tun so, als ob das Warten irgendwas bringen würde; als ob das passive Warten einen Einfluss auf das Ergebnis hätte, wenn sie nur stark genug daran glauben und sich selbst ganz fest die Daumen drücken, während sie die Hände in den Schoß legen. Sie tun geradezu so, als ob das Ergebnis besser wird, wenn man nur ehrfürchtiger und achtsamer wartet. Bullshit! **Viel zu viele Menschen verbringen ihr Leben auf der Wartebank.**

Wenn du wirklich etwas erreichen willst, wenn du etwas vom Buffet des Lebens abhaben willst, dann setz die Dinge um, setz noch eins drauf, überrasch dich selbst mit der nächsten und übernächsten umgesetzten Strategie. **Jede neue Strategie, jeder Einsatz, jede Initiative hilft. Denn Erfolg ist auch ein Gesetz der Zahlen.**

Wenn du eine einzige Kugel im Spiel hast, hast du keine große Chance zu gewinnen. Das heißt nicht, dass du dich verzetteln sollst. Du sollst fokussiert und zielgerichtet mehrere Kugeln ins Rollen bringen und sie im Auge behalten, während du dich auf die nächste gezielte Aktion konzentrierst.

Hack 30 Schluss mit den Zweifeln

Mit so etwas Simplem wie Rasenmähen kannst du Millionär werden. Kein Witz! Zweifelst du etwa daran, dass das möglich sein könnte? Damit bist du vermutlich nicht alleine. Menschen zweifeln. Jeden Tag. Manche sogar jede Stunde. Aus meiner Sicht zweifeln Menschen viel zu viel und viel zu lange. Wie viel Zeit verschwenden wir mit dem Zweifeln, die wir viel besser nutzen könnten – etwa zum Rasenmähen? Doch anstatt unsere Zeit sinnvoll zu nutzen, versuchen wir, uns von unseren Zweifeln abzulenken. Wir suchen nach Zerstreuung. Wir lenken uns ab. Wir ruhen uns aus, obwohl es nichts zum Ausruhen gibt. Wir machen einfach eine Pause, weil wir nicht wissen, wie es weitergehen soll. **Zweifel rauben uns Zeit und Zuversicht.** Und wer sich die Zuversicht rauben lässt, der lässt sich das Leben rauben. Wir sollten lieber mal an unseren Zweifeln zweifeln!

Aufschieberitis, die ewige Suche nach einem USP oder nach einem Warum, all das sind Symptome des Zweifelns. Unproduktive Symptome. Deshalb schlage ich dir hier und heute eine Methode vor, wie du deine »Zweifelzeiten« produktiv nutzen kannst – und zwar produktiv im Sinne von wirtschaftlicher und mentaler Produktivität.

Nehmen wir mal an, du zweifelst täglich eine Stunde. Stattdessen nutzt du diese Stunde ab sofort zum Rasenmähen. Zuerst mähst du deinen eigenen Rasen und dann den Rasen deines Nachbarn und dann den Rasen eines weiteren Nachbarn und so weiter und so weiter. In der täglichen Zweifelstunde, in der du nun nicht mehr zweifelst, sondern Rasen mähst, bekommst du eine Menge Rasen gekürzt. Mit anderen Worten: Du bist produktiv und das ändert schon mal dein Mindset. Das ist der erste, positive Effekt. Doch es geht noch weiter. Für das Mähen deines eigenen Rasens kannst du zwar kein Geld verlangen, aber du hast die Arbeit erledigt. Das verschafft dir die Genugtuung, eine vielleicht verhasste Aufgabe zügig von deiner To-do-Liste streichen zu können. Vielleicht gibt's sogar ein Lob der Ehegattin obendrauf. Deinen Nachbarn könntest du aber sehr wohl um einen Anerkennungsbeitrag für die Dienstleistung bitten: 12,50 Euro pro Stunde sollten durchaus für dich drin sein. Viele Nachbarn werden dir das gern bezahlen, nicht allein aus Gründen der Wirtschaftlichkeit. Es wird ihrem Ego schmeicheln, mit einem Drink lässig auf dem Liegestuhl zu liegen und dir beim Rasenmähen zuzuschauen. Das macht ihr Ego größer. Doch damit kannst du ganz locker umgehen. Denn im Gegenzug wird dein Geldbeutel fetter – und das mit jedem gemähten Rasen in deiner Nachbarschaft.

Nun lass uns das mal zum Spaß hochrechnen. Sagen wir, dass du schon im zarten Alter von 15 Jahren anfängst, täglich eine Stunde Rasen zu mähen, statt zu zweifeln. Das tust du dann die nächsten 50 Jahre. Das ergibt 18250 Rasenmäh-Stunden und bringt dir satte 228125 Euro ein. Dieses Geld hast du verdient, anstatt unproduktiv zu zweifeln. Und wir reden hier noch gar nicht über Zins und Zinseszins oder von den erzielten Renditen, wenn du dein hart verdientes Geld gewinnbringend investieren würdest. Gar nicht übel! Jetzt stell dir mal vor, du kaufst dir einen Profi-Aufsitzrasenmäher, kannst noch schneller mähen und das in noch besserer Qualität. Dann kannst du 25 Euro pro Stunde verlangen. Damit liegst du hochgerechnet nach 50 Jahren bei einer Stunde Arbeitseinsatz täglich bei etwas mehr als 450000 Euro. Mit Zins und Zinseszins beziehungsweise Renditen kommst du über die Jahre also locker auf eine Million Euro!

Selbstverständlich brauchst du auch noch etwas Geld zum Leben. Deshalb ist das Rasenmähen in diesem Beispiel nur als Nebenerwerb gedacht. Es kostet dich ja auch nur eine Stunde am Tag. Dir bleibt also genügend Zeit für einen »richtigen« Job und auch für Freizeit. Und doch könntest du auf diese Weise Millionär werden. Ist das nicht irre gut? Lass mich das noch mal zusammenfassen: Eine Million Euro für eine Stunde Arbeit pro Tag, anstatt unbezahlte Zweifel für null Euro. Wofür entscheidest du dich?

Du hast keine Lust auf Rasenmähen in der Nachbarschaft? Völlig in Ordnung. Ist kein Muss. Übertrag die Idee einfach mal auf dein aktuelles Vorhaben. Stell dir vor, du machst etwas, worin du richtig gut bist, was dir sehr viel Freude bereitet und wofür du vielleicht sogar 100 Euro die Stunde oder mehr nehmen kannst. Und ich schätze mal, dass es nicht bei dieser einen Stunde pro Tag bleibt. Rechne das mal hoch!

Allerdings ist der viel größere Gewinn ein anderer: Dein Mindset ändert sich – und das ist unbezahlbar. Wenn du eine Stunde nichts tust, eine Stunde lang deine Schöpferkraft nicht einsetzt, dich eine Stunde zerstreust und zweifelst, dann ist es um deine Einstellung schlecht bestellt. Auch dein Körper wird nach einer Stunde Nichtstun in einem schlechteren Zustand sein als nach einer Stunde Aktivität. Etwas geschafft zu haben, vielleicht sogar etwas, das dir schwergefallen ist, wird deine Gedanken positiv beeinflussen. Ein Beispiel: Wenn ich Sport mache, ist das am Anfang eine echte Qual. Ich finde es ekelhaft und habe eigentlich gar keine Lust dazu. Mein Körper, mein Ich und mein innerer Schweinehund finden es immer viel besser, bequem auf dem Sofa zu sitzen und eine Tüte Chips zu genießen. Aber wenn ich mich erst mal aufgerafft habe und auf dem Laufband bin, merke ich, dass es mir ja doch irgendwie Spaß macht oder ich mich schon viel besser fühle oder auf einmal klarer denken kann. Wobei ich mir – und das gebe ich offen zu – im Vorfeld meist einen ordentlichen Schubs, um nicht zu sagen einen Tritt in den Allerwertesten, geben muss.

Wir brauchen Menschen, die unseren Blick nach oben auf die Sonne richten, wenn wir lieber im Schatten versinken wollen. Deshalb ist es auch wichtig, dass wir uns mit Menschen umgeben, die uns motivieren und inspirieren. Das kann sehr hilfreich sein. Aber wirklich essenziell ist, dass wir uns selbst motivieren und uns dem Licht aktiv zuwenden. Und wo gibt es viel Sonne und Licht? Natürlich im Garten. Also, wenn du zweifelst und nicht weißt, was du sonst tun sollst, dann mähe den Rasen und schau, was passiert.

Wir sprechen so oft von Disziplin, dabei ist es weniger körperliche als vielmehr mentale Disziplin, die wir benötigen, um die Herausforderungen des Lebens zu meistern. **Wenn es dir gelingt, dich auch in schlechten Zeiten zu motivieren, dann hast du es geschafft, deine Realität und damit deine Welt zu ändern.** Genau das bringt dir den größten Wettbewerbsvorteil vor allen anderen.

Wie schon gesagt: Das ganze Leben ist ein Selbstbetrug. Und ich wünsche dir von Herzen, dass du einer der größten Selbstbetrüger wirst und dein Leben so gestaltest, wie es dir gefällt.

➲ How to: Wie du dein Innerstes erforschst

Nimm es nicht so schwer – es wird auch wieder besser werden

Am Anfang meiner Karriere gelang es mir, eine große Kooperation mit der *Süddeutschen Zeitung* einzufädeln. Die Kooperation bestand darin, dass ich zu vergünstigten Konditionen eine Broschüre produzieren lassen und der Zeitung beilegen konnte. Es war dennoch ein großes Unterfangen, da es sich um so große Stückzahlen handelte, dass die 32-seitigen DIN-A4-Beileger palettenweise per Spedition bei der Zeitung angeliefert wurden. Ich hatte viele Referenten darin aufgenommen. Meine Wenigkeit war im Innenteil auf der rechten Seite vertreten. Unter meinem Profil war eine sogenannte Vanity-Nummer abgedruckt, also eine Telefonnummer, die entweder als Buchstaben abgedruckt werden konnte oder – wie in meinem Fall – einfach eine schöne Zahl war. Ich hatte mir die 0800 800 9001 gesichert.

Ich war sehr stolz auf das Ergebnis, fieberte Tag X entgegen und erwartete eine große Resonanz. Wir machten uns daher im Vorfeld viele Gedanken, wie viele Aushilfen wir als Telefonisten für den Tag der Broschüren-Beilage buchen sollten, um die unzähligen Anfragen bewältigen zu können. Am Tag X saßen wir dann mit einer Crew von Mitarbeitern, Freunden und Aushilfen vor den Telefonen und starrten sie gebannt an. Doch es kam kein Anruf. Kein einziger. Es klingelte einfach nicht! Was war bloß los? Ich zweifelte sofort an der Technik und wollte daher einen Testanruf durchführen, um technische Probleme auszuschließen. Ich nahm also den Flyer, schlug die Seite mit meinem Profil auf – und sah sofort den Fehler. Jetzt, nachdem alles gedruckt und ausgeliefert war! Die abgedruckte Nummer war falsch, dort stand 0800 800 90001. Es war eine Null zu viel! Ich wählte und landete nicht bei Hermann Scherer, sondern – und das ist kein Witz – bei einer Telefonsex-Hotline. Ich kann gar nicht in Worte fassen, wie ich mich in dem Moment gefühlt habe. Ich war gelinde gesagt schockiert. All meine Interessenten landeten bei einer Telefonsex-Hotline? Wie peinlich! Wie schrecklich! Wie vernichtend! Aus Fehlern lernt man, also war die Sache für mich schnell abgehakt. Das heißt nicht, dass ich mich nicht darüber geärgert hätte – aber nun war es eben so. Das war nicht mehr zu ändern.

Es geht immer weiter, *the show must go on.* Wenn es gerade nicht so läuft, wie ich es gerne hätte, dann sage ich mir, dass es schon irgendwie weitergehen wird. So komme ich wieder in meine Gedanken- und Schöpferkraft. Denke ich hingegen negativ, sehe ich die Zukunft nicht mehr vor mir. Dann wandelt sich mein Leben in kürzester Zeit ins Negative. Gedanken des Aufgebens, des Zweifelns schießen wie monumentale Bilder in meinen Kopf und führen zu entsprechenden Taten – oder eben auch zu Tatenlosigkeit. Das ist weder für mich noch für andere förderlich. Ich habe mir selbst einen Text geschrieben. Ich habe ihn **»Yes-Datei«** genannt, und immer wenn ich frustriert bin, rufe ich die Datei auf meinem Computer auf und lese mir diese Zeilen durch:

Lieber Hermann,
du bist ein freier Mann und kannst immer entscheiden, was du tust: jammern oder nach vorne gehen. Aber eines kannst du nicht: dich immer hin und her entscheiden. Dann bleibst du auf der Strecke stehen und das alles ergibt keinen Sinn. Darum sei konsequent: Zieh es durch oder gib auf.

Wenn du aufgeben willst, dann tu es jetzt hier, heute, sofort, für immer. Schreib allen eine Mail, dass du aus allem draußen bist und fertig! ENDE! Wenn du es durchziehen willst, dann zieh es durch, mach weiter. Jammer nicht rum. Heul nicht rum. Belüge dich nicht mit Worten wie: Das kannst du nicht.

Außerdem bist du Angestellter beim Universum und sowieso deinen Kunden, deinen Kindern und dem Universum gegenüber verpflichtet, das Beste zu geben. Dein Mantra lautet: »Ich möchte nicht an meiner eigenen Unfähigkeit scheitern!«

Es mag ja sein, dass du deinen Weg noch nicht kennst. Aber du wirst ihn nur durchs Gehen – wenn auch in die falsche Richtung – kennenlernen. Also, auf geht's! Übe dich in Selbstvergessenheit.

Übrigens: Was würdest du dir raten, wenn du dich selbst beraten würdest? Genau, du würdest sagen: »Hey, gib Gas. Hau rein. Hör auf zu heulen! Du hast alles, was du brauchst – und sollte dir doch was fehlen, dann hol es dir. Mach es, tu es – JETZT!

Es ist eine Frage des inneren Frames, ob wir einen Misserfolg als solchen wahrnehmen, oder ob wir ihn als einen Schritt zum Erfolg sehen. **Erfolg haben heißt oftmals, geduldig eine Strategie nach der anderen auszuprobieren, anstatt die Erwartungen vorschnell zu senken.**

Denkst du positiv und glaubst immer daran, dass es irgendwie weitergeht, dann führt das zu unglaublicher Produktivität. Ob du diese nun in Rasenmähen oder etwas anderes umsetzt, das bleibt dir überlassen.

Unterschätze niemals deinen Wert

In einem Zoom-Call schilderte eine Teilnehmerin mir ihr »kleines Dilemma«, wie sie es nannte: »Ich unterstütze Menschen, die kaputtgegangen sind, also zum Beispiel durch einen Unfall oder eine Krankheit. Und ich habe mir eine Vergütung überlegt, mit der ich sehr gut leben kann. Jetzt sind aber immer mal wieder Menschen dabei, die das nicht bezahlen können. Wie kann ich eine Lösung finden, damit ich den Preis halten und gleichzeitig auch den anderen helfen kann?«

Und damit sind wir bei einem essenziellen Thema: deinem Wert. Es gibt den Wert, den man sich selbst beimisst. Es gibt den Wert, von dem man glaubt, dass andere ihn bezahlen können. Und es gibt den Wert, den man sich traut, von anderen für seine Leistung zu nehmen. Das müssen nicht zwingend immer dieselben Zahlenwerte sein. Ich kann verstehen, dass man, gerade wenn man anderen Gutes tun will, schnell versucht ist, an der Preisschraube zu drehen oder ab und zu etwas kostenlos anzubieten. Doch was dann oft genug geschieht, fasst ein bekanntes Sprichwort zusammen: »Man reicht jemandem den kleinen Finger und er nimmt die ganze Hand.«

Gratis ist eine seltene Ausnahme

Was ich mich schon seit Langem frage: Wieso erwarten eigentlich so viele Leute von vornherein etwas gratis? Woher kommt diese Unart mit dem ewigen kostenlosen Herumgetue? Geh doch mal ins Finanzamt und frag nach, ob sie dir dieses Jahr einfach mal so die Steuern erlassen. Weil du es gerade schwer hast. Oder frag mal deine Mitarbeiter, ob sie kostenlos für dich arbeiten. Weil du so nett und immer freundlich bist. Frag mal deinen Vermieter, ob du kostenlos in seinem Haus wohnen darfst. Oder den Makler, ob er dir deine Traumimmobilie schenkt. Sorry für die blöden Beispiele! Aber meiner Erfahrung nach brauchen so manche Menschen genau solche Beispiele, um zu kapieren, dass sie etwas wert sind und dass die Leistung anderer etwas wert ist.

Und bevor jetzt der große Aufschrei kommt: Natürlich darf man bedürftigen Menschen helfen. Wenn wir Veranstaltungen haben, bei denen es weniger um die Wirtschaft und mehr um den Menschen geht, ist es selbstverständlich, dass wir für zehn verkaufte Tickets einen Platz zu einem extrem verringerten Satz zur Verfügung stellen.

Mein lieber Freund und geschätzter Kollege Tobias Beck war bis 2021 Purser bei Lufthansa. In dieser Zeit hat er viele Top-Speaker der Welt gesehen – und ist mittlerweile selbst einer dieser ganz Großen geworden. Er hat mit kleinen Seminaren und Veranstaltungen angefangen. Einer seiner ersten Vorträge fand auf einer Kegelbahn vor Metzgereifachverkäuferinnen statt. In geradezu atemberaubender Geschwindigkeit füllte er nicht nur die Lanxess-Arena mit 15 000 Zuschauern, sondern eroberte auch die Bühnen dieser Welt. Und darüber hinaus ist er ein sehr feiner Kerl. So hat er, um nur ein Beispiel zu nennen, in der Corona-Zeit 500 Pflegekräfte in sein Digitalseminar eingeladen.

Am Rande sei noch erwähnt, dass erfahrungsgemäß insbesondere jene Zielgruppen, von denen wir häufig annehmen, dass sie kein Geld haben, die ersten sind, die in diverse Programme investieren. Wie sie das machen, kann ich natürlich nicht mit Bestimmtheit sagen. Aber bei mir haben häufig Leute Verträge abgeschlossen, denen ich es nicht zugetraut hätte.

Auf hohen Nutzen gibt es keinen Rabatt

Das, was wir tun, scheint sich für uns mit der Zeit zu einer Selbstverständlichkeit zu entwickeln. Und Dinge, die wir für eine Selbstverständlichkeit halten, erfahren meist unbewusst eine geringere Wertschätzung. Aber das, was für uns selbstverständlich ist, muss es für andere nicht sein. Zudem dürfen wir nicht den Fehler machen, uns über die Zeit der Leistungserbringung zu definieren. Vielmehr sollten wir uns über den Nutzen definieren, den wir stiften. **Ein hoher Nutzen wird nicht mit einem Discount versehen. Punkt. Aus. Basta.** Wenn du einen Gehirntumor hast und der lebensrettende Eingriff 30 000 Euro kostet, dann wirst du hoffentlich nicht nach einem Rabatt fragen – und wenn doch, dann hast du ein Problem.

Nimm dir ein Blatt Papier und einen Stift und leg eine Preisliste an. **Schreib auf, was du glaubst oder hoffst, wert zu sein, oder was deine Produkte beziehungsweise deine Dienstleistungen wert sind.** Auch wenn du diese Preise vielleicht nicht immer halten kannst, so hast du zumindest einen mentalen Rahmen geschaffen.

Ganz wichtig finde ich, eine Untergrenze zu definieren. Also einen Wert, den du auf jeden Fall erhalten musst – und wenn es nur ein Bruchteil der optimalen Vergütung ist. Ja, mag sein, dass ein solcher gefühlter Dumpingpreis sich im Geldbeutel nicht groß bemerkbar macht. Aber im Kopf macht es einen großen Unterschied, ob du dich und deine wertvolle Zeit verschenkt hast oder zumindest etwas für deine Leistung fakturiert hast, ganz egal wie viel oder wenig es war. Dass solche Preisnachlässe die absolute Ausnahme sein sollten, muss ich hoffentlich nicht extra betonen.

Alles, was unter deinem Minimum liegt, solltest du kategorisch ablehnen. Da legst du lieber die Beine hoch, gönnst dir und deinen Lieben etwas Schönes, anstatt dich für nichts und wieder nichts abzurackern. Es würde sich doch ohnehin nicht wie ein Erfolg, sondern wie ein Verlustgeschäft anfühlen, stimmt's? Also, lass es!

Wir schauen zu häufig auf den Preis und nicht auf den Wert, so sind wir leider sozialisiert. Das führt dazu, dass wir auch gewillt sind, uns selbst, unseren ureigensten Wert, mit einem Nachlass zu versehen. Das fängt schon damit an – lass mich das mal wieder überspitzt formulieren –, dass junge Männer glauben, in den Clubs den begehrten Damen einen Drink ausgeben zu müssen, nur um mit ihnen ins Gespräch zu kommen. Da wird das fertige Produkt doch schon mit einem satten Rabatt angeboten! Klar, ich habe das natürlich in meiner Jugend auch so gemacht und halte es nach wie vor für angebracht, dass man galant die Dame einlädt. Aber ... ein bisschen wie Rabatt ist das schon, findest du nicht? Das ist natürlich ein eher harmloses, vielleicht sogar belangloses Beispiel. Aber unsere Sozialisation und unsere Glaubenssätze können durchaus dazu führen, dass wir uns permanent, auch bei wichtigen Angelegenheiten, unter Wert verkaufen. Und das darf nicht sein!

Wir machen uns oft die positiven Konsequenzen, den Nutzen, den Mehrwert nicht bewusst, den andere Menschen durch unsere Leistung erhalten. Weil das alles selbstverständlich für uns ist, verkaufen wir uns oft so schlecht.

Gönn dir mehr Glücksgefühle

All die großen Prediger der Persönlichkeitsentwicklung wie Tony Robbins, aber auch religiöse Persönlichkeiten wie Jesus sagen oder sagten, dass dein Hauptaugenmerk auf deinem Mindset, auf positivem Denken und deinem Sein liegen sollte. Es steht sogar in der Bibel, dass wir unsere Zweifel beiseiteschieben sollen. Wenn wir diesem Rat, positiv zu denken, strikt und stringent folgen, dann haben wir ein positives Zukunftsbild. Natürlich ist das vereinfacht beschrieben und auch ich ertappe mich manchmal dabei, gedanklich eher auf der dunklen anstatt auf der hellen Seite des Lebens zu stehen. Das ist nicht außergewöhnlich und auch nicht schlimm, sondern einfach nur menschlich und daher kein Drama.

B Erst kürzlich fuhr meine Frau mit unseren Kindern aus unserer Einfahrt. Und ich winkte ihnen beim Wegfahren zu – wie immer. Ich war zwar noch hundemüde, aber ich winkte ihnen freundlicher, wilder, übertriebener und ausladender als sonst zu. Ich kann gar nicht sagen, warum. War es die Müdigkeit? War es einfach der Schalk im Nacken? War es echte Freude? War es aufgesetzte Freude? Keine Ahnung. Was ich aber sehr wohl weiß, ist, dass die drei dann im Gegenzug ebenfalls viel wilder, viel freudiger, viel ausladender zurückgewunken haben. Dann lachten wir alle ganz herzlich – und wir hatten alle ein Strahlen in den Augen. Anschließend ging ich ins Büro. Und ich ging mit einem strahlenden Lächeln und Glücksgefühlen an die Arbeit. Es war einfach ein anderer Einstieg in den Tag, und das hat mir sehr gefallen. Davon wünsche ich mir mehr!

Was ich dir damit sagen will: Der Unterschied ist manchmal fein, aber doch signifikant. **Wer in die Welt schaut und negativ eingestellt ist, wird mehr negative Dinge finden.** Wer sich positiv gestimmt umsieht, wird mehr Positives finden. Eine simple Sache und wir wissen alle, dass es stimmt. Entscheidend ist aber nicht das Wissen, sondern die Fähigkeit, den Fokus auf das Positive lenken zu können.

> Entweder du bist in der Lage, besser zu denken, dann besser zu fühlen und damit auch diese positiven Auswirkungen zu spüren. Oder aber du machst das Gegenteil: Du tust so als ob. (So tun als ob ist übrigens ein netter Euphemismus für Selbstbetrug, gewissermaßen ein Placebo-Effekt. Aber solange es funktioniert …)

Sei dein allergrößter Fan

Viel zu viele suchen in diesem System nach wie vor nach Bestätigung – aber leider immer die Bestätigung von anderen. Sie fragen andere Menschen, ob sie das nötige Potenzial haben oder ob sie geeignet sind, dieses oder jenes zu tun. Warum eigentlich? Auch auf mich kommen die Leute zu und diese Frage höre ich hunderte, ach was, tausende Male: »Hermann, glaubst du denn, ich habe das Potenzial dazu?«

Ich habe mir längst abgewöhnt, solche Fragen zu beantworten. Der Grund ist naheliegend. In meinem Leben habe ich so viele Menschen erlebt, die ein großartiges Potenzial, ganz besondere Voraussetzungen, eine außergewöhnliche Kompetenz, einfach alles hatten, was man braucht, um erfolgreich zu sein. Dennoch sind sie kläglich gescheitert. Und ich kenne viele Menschen, denen ich – das muss ich offen gestehen – einen Erfolg nicht zugetraut hätte. Das Potenzial war mittelmäßig, die Voraussetzungen eher schlecht und eine besondere Kompetenz oder ein spezielles Talent war ebenfalls nicht zu erkennen. Trotzdem – oder vielleicht gerade deswegen – sind sie durchgestartet und haben es geschafft. Man kann es den Leuten eben nicht an der

Nasenspitze ansehen, ob sie den nötigen Biss, das Selbstvertrauen und das Durchhaltevermögen haben, ihr Ding durchzuziehen.

Ich habe mir auch längst abgewöhnt, andere Menschen durch mein Urteil zu bestätigen oder einzugrenzen. Ich weiß heute – sieh mir das nach, denn genau dafür werde ich häufig verurteilt und kritisiert –, dass es wirklich jede und jeder schaffen kann. Das meine ich ernst. Nun kannst du mit Fug und Recht behaupten, dass das ein wenig übertrieben ist. Gibt es nicht wirklich Situationen, in denen es möglicherweise nicht klappen kann? Na gut, ich bin ja einsichtig und korrigiere meine Aussage: Es ist nur bei 99 Prozent der Leute möglich.

Lass es mich deutlich und wütend zum Ausdruck bringen:
Es ist verdammt noch mal vollkommen egal,
wer dir ein Go oder ein No-Go gibt,
wer dir Potenzial bescheinigt oder eben auch nicht bescheinigt.

*****

**Die alles entscheidende Frage ist,
ob du es dir selbst zutraust.**

*****

Die einzige Person,
die es wirklich bestätigen und im tiefsten Herzen
glauben sollte, das bist einzig und allein du.
Das wäre wirklich mehr als hilfreich, wenn du es schaffen willst.
Also, vertrau dir selbst,
glaub an dich und sei dein allergrößter Fan und Unterstützer!

*****

Du bist es wert, wertvoll zu sein.

*****

So, und nun los!
Es wird Zeit, dass du dir ein Abendkleid
beziehungsweise einen Smoking kaufst –
für die aufregenden, wilden Tage und Nächte
deines restlichen Lebens.

ANHANG

Vademecum der Kanäle, Dienstleister, Plattformen & Co.

So oft höre ich: »Jetzt poste ich einmal täglich auf Facebook und Instagram und habe immer noch keinen Durchbruch.« Nun, es existieren so viele Kanäle, die sich auf viele verschiedene Arten bespielen und nutzen lassen. Welche das sind? Ich habe eine umfangreiche Auflistung interessanter Kanäle, die dir helfen können, deine Botschaft zu verbreiten und deine Sichtbarkeit zu erhöhen, für dich zusammengestellt. Die Liste kannst du ganz bequem aus dem Internet herunterladen. Geh einfach auf die Website meines Verlags: **www.gabal-magazin.de** und gib Hermann Scherer in die Suche ein. Dann kommst du ganz schnell zur Liste. Oder hol dir die Liste direkt über den folgenden QR-Code:

Natürlich kannst du die Liste auch direkt online beim GABAL Verlag unter folgendem Link abrufen: **https://www.gabal-magazin.de/marketing/scherer-frame/**

Anmerkungen

1 Wagner, Stefan: »Jean-Claude Biver und sein Erfolgsgeheimnis: Harmonie«, *Redbull.com:* https://www.redbull.com/ch-de/theredbulletin/schweizer-uhrenmacher-jean-claude-biver-und-sein-erfolgsrezept (Zugriffsdatum: 13.05.2022).

2 »Big Bang«, *Hublot.com:* https://www.hublot.com/de-de/watches/big-bang?gclid=EAIaIQobChMI2vOak9i99wIV6wsGAB2tPQ6KEAAYASAAEgKXofD_BwE (Zugriffsdatum: 11.05.2022).

3 Dollinger, Matthew: »Starbucks, ›The Third Place‹, and Creating the Ultimate Customer Experience«, *Fast Company:* https://www.fastcompany.com/887990/starbucks-third-place-and-creating-ultimate-customer-experience (Zugriffsdatum: 11.05.2022); Aten, Jason: »With Its Latest Store, Starbucks Just Threw Out a Strategy It Spent 40 Years Perfecting and It's Totally Brilliant«, *Inc.Com:* https://www.inc.com/jason-aten/starbucks-just-threw-out-a-strategy-it-spent-40-years-perfecting-its-totally-brilliant.html (Zugriffsdatum: 11.05.2022); Taylor, Kate: »Starbucks is reimagining the core belief that turned the chain into a $88 billion juggernaut«, *Business Insider:* https://www.businessinsider.com/starbucks-reimagine-third-place-2019-3 (Zugriffsdatum: 11.05.2022).

4 Graefe, Lena: »Statistiken zu Starbucks«, *Statista:* https://de.statista.com/themen/1111/starbucks/ (Zugriffsdatum: 11.05.2022).

5 Backovic, Lazar: »Inspiration gegen Bares: So läuft das Geschäft der Keynote-Speaker«, *Handelsblatt Online:* https://www.handelsblatt.com/karriere/karriere-inspiration-gegen-bares-so-laeuft-das-geschaeft-der-keynote-speaker/25197324.html (Zugriffsdatum: 19.04.2022).

6 »Christian Bischoff – DIE KUNST, DEIN DING ZU MACHEN Podcast«, *Apple Podcasts Review:* https://podcasts.apple.com/us/podcast/christian-bischoff-die-kunst-dein-ding-zu-machen-podcast/id1114395894 (Zugriffsdatum: 11.05.2022).

7 Balzter, Sebastian: »Die Precht-AG«, *Frankfurter Allgemeine Zeitung Online:* https://www.faz.net/aktuell/wirtschaft/richard-david-precht-reich-durch-philosophie-15356603.html (Zugriffsdatum: 20.04.2022).

8 dpa Newskanal: »Richard David Precht war lange arbeitslos«, *Süddeutsche.de:* https://www.sueddeutsche.de/leben/leute-richard-david-precht-war-lange-arbeitslos-dpa.urn-newsml-dpa-com-20090101-131004-99-02358 (Zugriffsdatum: 11.05.2022).

9 Balzter: »Die Precht-AG«.

10 Tessin, Anne: »Hier gibt es das teuerste Wasser der Welt – zu einem horrenden Preis«, *tz.de:* https://www.tz.de/leben/genuss/teuerste-wasser-welt-hier-gibt-flasche-horrende-preis-zr-13177969.html (Zugriffsdatum: 11.05.2022).

11 Onaran, Tijen: »Expertenrat – Tijen Onaran: Warum übertriebener Perfektionismus den deutschen Unternehmen schadet«, *Handelsblatt Online:* https://www.handelsblatt.com/meinung/gastbeitraege/expertenrat/onaran/expertenrat-tijen-onaran-warum-uebertriebener-perfektionismus-den-deutschen-unternehmen-schadet/21168292.html (Zugriffsdatum: 11.05.2022).

12 Oberhofer, Petra: »Verpackungsdesign: Mit der Verpackung den Kunden überzeugen«, *business-wissen.de:* https://www.business-wissen.de/artikel/verpackungsdesign-mit-der-verpackung-den-kunden-ueberzeugen/ (Zugriffsdatum: 11.05.2022); Schätzle, Christian: »Welche Verpackungen Verbraucher kaufen – und warum«, *Neue Verpackung:* https://www.neue-verpackung.de/markt/welche-verpackungen-verbraucher-kaufen-und-warum-142.html (Zugriffsdatum: 11.05.2022); McCabe, John: »How does product packaging influence consumer behavior?«, *StartupNation:* https://startupnation.com/start-your-business/product-packaging-influence-consumer-behavior/ (Zugriffsdatum: 11.05.2022).

13 Krieger, Prof. Dr. Winfried: »Definition: Verpackungsfunktionen«, *Gabler Wirtschaftslexikon,* Springer Fachmedien Wiesbaden GmbH: https://wirtschaftslexikon.gabler.de/definition/verpackungs-funktionen-50849 (Zugriffsdatum: 11.05.2022).

14 Greipl, Johannes: »Verpackungsdesign beeinflusst die Kaufentscheidung«, *mds:* https://www.mds.eu/blog/verpackungsdesign-emotionen-beim-kaeufer-wecken (Zugriffsdatum: 11.05.2022); Podieh, Simone: »So bleiben Erzeuger mit papierbasierten Verpackungslösungen wettbewerbsfähig«, *Neue Verpackung:* https://www.neue-verpackung.de/markt/so-bleiben-erzeuger-mit-papierbasierten-verpackungsloesungen-wettbewerbsfaehig-182.html (Zugriffsdatum: 11.05.2022); Rehme, Frank: »Verpackungs-Design«, *Zukunft des Einkaufens:* https://zukunftdeseinkaufens.de/interview-mit-frank-rehme-die-macht-der-verpackung/ (Zugriffsdatum: 11.05.2022).

15 Rada, Uwe: »Ausstellung über Friedrich II. und die Knolle: Neues vom Kartoffelkönig«, *Die Tageszeitung: taz:* https://taz.de/!5088602/ (Zugriffsdatum: 11.05.2022); »Knollenprediger«, *Potsdamer Neueste Nachrichten*: https://www.pnn.de/kultur/knollenprediger/21817222.

html (Zugriffsdatum: 11.05.2022); Eisenring, Christoph: »Die Kartoffel bringt Frieden«, *Neue Zürcher Zeitung:* https://www.nzz.ch/wirtschaft/die-kartoffel-bringt-frieden-ld.1354885 (Zugriffsdatum: 11.05.2022); »Kartoffelbefehl«, in: *Wikipedia:* https://de.wikipedia.org/w/index.php?title=Kartoffelbefehl&oldid=222029191 (Zugriffsdatum: 11.05.2022).

16 »Grabfrevelei! Warum liegen Kartoffeln auf der Grabplatte Friedrichs des Großen?«, *myheimat.de:* https://www.myheimat.de/potsdam/grabfrevelei-warum-liegen-kartoffeln-auf-der-grabplatte-friedrichs-des-grossen-d44589.html (Zugriffsdatum: 11.05.2022).

17 »Pfälzer Bauern brachten die Kartoffeln nach Preußen«, *Wayback Machine:* https://web.archive.org/web/20151001193152/http://www.pfaelzer-grumbeere.de/news/pfalzer-bauern-brachten-die-kartoffeln-nach-preusen/ (Zugriffsdatum: 11.05.2022).

18 »Studie vom Händlerbund und VDE: Online-Händler leiden unter gefälschten und unfairen Kundenbewertungen«, *VDE Presse:* https://www.vde.com/fake-obline-bewertungen (Zugriffsdatum: 11.05.2022).

19 »Selbstwirksamkeit – Lexikon der Psychologie«, *Psychomeda:* https://www.psychomeda.de/lexikon/selbstwirksamkeit.html (Zugriffsdatum: 11.05.2022).

20 Lenzen, Manuela: »Und wenn man den Ball doch um die Ecke werfen könnte«, *FAZ.NET:* https://www.faz.net/aktuell/feuilleton/buecher/rezensionen/sachbuch/steven-sloman-und-philip-fernbach-zu-selbstueberschaetzung-16253653.html (Zugriffsdatum: 30.06.2022).

21 Wolf, Christian: »Kognitive Verzerrung: Warum sich Menschen gerne überschätzen«, *Spektrum.de:* https://www.spektrum.de/video/warum-sich-menschen-gerne-ueberschaetzen/1493247 (Zugriffsdatum: 11.05.2022).

22 Cadoche, Elisabeth und Montarlot, Anne de: »Versagensängste: Die Selbstzweifel überwinden«, *Spektrum.de:* https://www.spektrum.de/news/impostor-syndrom-die-selbstzweifel-ueberwinden/1958821 (Zugriffsdatum: 11.05.2022).

23 »Hoffnung«, *Wikipedia:* https://de.wikipedia.org/w/index.php?title=Hoffnung&oldid=222125506 (Zugriffsdatum: 30.06.2022).

24 »Web-Seminar«, *Wikipedia:* https://de.wikipedia.org/wiki/Web-Seminar (Zugriffsdatum: 30.06.2022).

25 »Definition: Turing-Test«, *ComputerWeekly.de:* https://www.computerweekly.com/de/definition/Turing-Test (Zugriffsdatum: 30.06.2022).

26 »A. M. Turing Award«, *Amturing.acm.org:* https://amturing.acm.org/ (Zugriffsdatum: 30.06.2022).

27 Davies, Caroline: »PM's apology to codebreaker Alan Turing: we were inhumane«, *The Guardian:* https://www.theguardian.com/world/2009/sep/11/pm-apology-to-alan-turing (Zugriffsdatum: 11.05.2022).

28 »Alan Turing: Queen begnadigt homosexuellen Informatik-Pionier«, *Der Spiegel:* https://www.spiegel.de/wissenschaft/mensch/alan-turing-queen-begnadigt-homosexuellen-informatik-pionier-a-940758.html (Zugriffsdatum: 12.05.2022).

29 Schwitzer, Daniel: »Geschichte des Christopher-Street-Day: Vom Stonewall-Aufstand zur Wasserpistolen-Schlacht«, *Bundeszentrale für politische Bildung (bpb.de):* https://www.bpb.de/themen/gender-diversitaet/homosexualitaet/38838/geschichte-des-christopher-street-day/ (Zugriffsdatum: 12.05.2022).

30 »Erdbeben im Indischen Ozean 2004«, in: *Wikipedia:* https://de.wikipedia.org/w/index.php?title=Erdbeben_im_Indischen_Ozean_2004&oldid=222768871 (Zugriffsdatum: 11.05.2022).

Hier kann der

GUTSCHEIN

über 500 Euro
eingelöst werden!

www.hermannscherer.com/myframe

Über 3.000 Vorträge vor rund zwei Millionen Menschen in über 3.000 Unternehmen in über 30 Ländern, 60 Bücher in 21 Sprachen, 1.000 Presseveröffentlichungen, 50.000.000 Euro Umsatz, 9.000 Hotelübernachtungen, 10.000.000 Flugmeilen, Forschung und Lehre an 18 europäischen Universitäten, über 30 erfolgreiche Firmengründungen, die meist zur Marktführerschaft führten, eine anhaltende Beratertätigkeit, immer neue Impulse und Inspiration für Welt und Wirtschaft – das ist Hermann Scherer.

Er macht Menschen zu Marken, damit sie das verdienen, was sie wert sind, die Bühnen dieser Welt erobern und den Logenplatz im Kundenkopf erobern. Er hat über 40 Menschen auf die Liste der TOP 100 Erfolgstrainer begleitet und mit über 125 die TOP 500 Liste erobert.

Niemand hat in Deutschland mehr Redner und Marken auf die Bühne gebracht als Hermann Scherer.

www.hermannscherer.com/gold

HERMANN SCHERER